○ 저자의 글맛을 살리기 위해 맞춤법과 문장 부호는 저자 고유의 스타일을
  따릅니다.
○ 이 책의 계량은 1큰술 기준 액체류는 10ml, 가루류는 15g입니다.
  일반 가정에서도 편하게 계량할 수 있도록 밥숟가락을 기준으로 했습니다.
○ 소금과 설탕은 간을 보고 입맛에 따라 자유롭게 조절하여 넣으세요.

일러두기

마포농수산쎈타 @mapo_nongsusan · Aug14

안녕하셔요, 반갑습니다..
마포농수산쎈타입니다.,

감사하게두 두 번째 책이 나왔어요 ,.
아주 멋진 요리를 소개하는 책이 아니니까는
오늘은 또 뭘 먹나~,.
배달책자 보듯 가볍게 후루룩~., 읽다가
아차, 냉장고에 그게 남았지!
문득 잊고 있던 냉장고 속 재료를 떠올리는 책이 되었으면
합니다..

어느 식당에 가도 집마다 제육볶음 맛이 다 다르듯이,.
이게 최고라고 딱 법으로 정해진 게 아니니까는
레시피를 꼭 지키지 않아두 좋지요.,
내 입에 딱 맞는 맛을 찾게 된다면은
그게 제일인걸. .

따듯한 밥을 한술 뜨면은
배 속도 마음속도 뜨듯해지는 게.,,
행복 참 별다른 게 아니었구나, 싶습니다..

힘이 펄펄 나는 날에도,.
숟가락 들 기운조차 없다 싶은 날에도

밥 챙겨 먹어요..
행복하세요,. 저도 행복할게요 ..

들어가며

휘리릭 땡 간단요리

부록2 **미공개 레시피**

요즘 자주 쓰는 식재료와 도구

액젓

나물을 무치거나 전골 끓일 적에 슬쩍 넣으면 감칠맛이 확 살아나지요. 한국 액젓과 베트남 액젓을 골고루 사용합니다.

베트남 고춧가루

깔끔하고 화끈한 매운맛이 필요할 때는 이것만 한 게 없어요. 사실 카레나 라면에 올리는 계란 밑에 몰래 듬뿍 넣구 있습니다.

토장

마트에서 쉽게 구할 수 있는 된장 중에서는 요게 최고입니다.

숙주

늘 저렴한 데다 30초면은 익으니까 여기저기 곁들이기에 좋지요.

요사이 새롭게 알게 된 식재료나
최근 사용하기 시작한 도구를 모아봤어요.

백목이버섯, 목이버섯

설컹설컹 씹는 맛은 좋으면서 칼로리가 낮은 재료들입니다. 미리 불려두어야 한다는 점이 유일한 단점이지요.

두유 피

마라탕 재료로 알게 되었지만 식감이 좋고 역시 칼로리 부담이 적어 요리할 때 자주 쓰고 있습니다. 미리 불려서 쓰세요.

글래드 랩

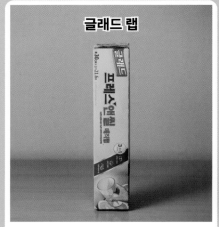

재료의 싱싱함을 오래 유지해주는 신통방통한 놈입니다. 절반 쓰고 남은 도마도, 오이도 요걸로 돌돌 말아두면 며칠은 거뜬하지요.

새 식칼(환도)

오래오래 쓸 테니 모처럼 좋은 칼을 하나 사보았지요. 생긴 것도 멋스러우면서 어찌나 잘 드는지 두툼한 통고기도 두부처럼 성둥성둥,

해장이 시급할 적에

냉면 육수

면도 필요 없구 식초, 겨자에 물이나 슬쩍 타다가 한 대접 마셔주면 속이 싸악 내려갑니다.. 여름에는 텀블러에다 얼음 동동 띄워 갖고 나가면은 아무도 모르게 해장을 쑤욱~.,

탄산수와 아이스아메리카노

전날 안주까지 푸지게 먹었다면 속은 더부룩하고 목만 자꾸 타지요.. 생명수와 같은 고마운 친구들입니다.,

컵누들 매콤한 맛

라면은 부담스럽구 국물은 마땅치 않을 때 요것만 한 게 없어요.. 적다 싶은 양이지만 해장에는 딱 적당하지요..

이렇게 해도 풀리지 않는 숙취는 잠이 명약입니다 ^ ^

을밀대 평양냉면

오늘 내 속이 큰일 나겠구나,
싶은 날은 택시를 잡아타고서라도
먹어야 합니다..

전날 끓여둔 된장국

쿰쿰하고 시커먼 집된장에 땡초
팍팍, 푹 끓인 배추된장국이
최고이지요..

과일촌 아침에사과

당이 좀 들어가야 해장이 된다나요?
다른 것 말구 십여 년째 꼭 이것만
찾게 되더라구요..

어제도 오시더니
오늘도 오셨군요
내일도 오시고
또 오신다면
얼마나 좋을까요

마포구
술집 10선

미처 다 소개하지 못한 곳들이 많아요.,
그래도 제가 참 마음 편히 좋아하는 고마운 곳들입니다 . .
순서는 그냥 랜덤이니 참고만 해주셔요,,

① 소금과 다시마

서울 마포구 잔다리로7길 38 이막빌딩 1층
월~금 17:00-24:00, 토 16:00-24:00, 일 16:00-23:00

가게 이름처럼 다시마가 들어간 메뉴가
많아요. 청어알젓갈과 채썬 다시마를 섞어
연두부에 올린 냉채, 다시마와 고기를 갈아
감칠맛이 진한 파테, 새우와 다시마로
속을 채운 표고버섯튀김,. 가격이 저렴한
만큼 조금씩 담겨 나오니까 여럿이 가서
메뉴를 이것저것 시켜도 좋고, 혼자
훌쩍 들러 한잔하고 나오기에도 좋지요.
술을 좋아하는 사장님이 늘 다양한
술을 소개해주시곤 해요. 입가심거리로
올리브오일을 뿌린 아이스크림과 부드럽게
녹는 소금캬라멜 푸딩까지 있으니까
마무리까지 완벽합니다.

추천
메뉴

콘부 파테

에비시이타케

청어알
콘부 얏코

바닐라
아이스크림

맑고 칼칼한 국물과 가슴살까지 부드러운
닭고기가 아주 맛 좋은 집입니다.
국물이 맛있다고 일찍부터 퍼먹다 보면
모자라기 일쑤라 걸주욱해지면서 제맛이
나오기까지 인내의 시간이 필요합니다.
쫀닥한 떡 사리에 아낌없이 들어간 감자가
포실포실 달큰하구 맛이 좋아요. 껍질을
많이 넣어달라고 하면 닭껍질을 듬뿍
넣어주시니까 횡재한 기분이지요. 중간에는
꼭 라면 사리를 추가해야 하는데, 처음이야
닭볶음탕에 라면이 웬말이냐 싶겠지만은
요 꼬들꼬들한 라면 사리에 한 번 맛이
들리고 나면 두 개 넣을 걸 그랬나 후회하게
된다니까요. 새큼한 닭껍질무침도 아주
별미입니다.

추천
메뉴

닭볶음탕

볶음밥 추가

사리 추가

뜨끈뜨끈 야들야들한 족발에 곰삭은 어리굴젓을 처억 올려 쌈 싸 먹는 그 맛. 잡내 없이 윤기가 좌르르 흐르는 게 씹을 것도 없이 그냥 꿀떡 넘어가지요. 냄비에 그득히 내어주는 콩나물김칫국은 또 어찌나 시원한지 요것만 있어도 쐬주가 세 병은 뚝딱이겠어요. 갓 튀겨서 아주 파삭바삭한 야채튀김이 나오는 것도 반갑지요. 살얼음 사박거리는 쟁반국수도 맛이 깔끔하고 푸짐하니까는 꼬옥 드셔보셔요.

추천 메뉴

어리굴젓

앞족발

막국수

④ 명품수제 숯불갈비

서울 마포구 월드컵로 39-1, 1층 101호
매일 11:00~마지막 손님 나갈 때까지

명품
수제 숯불갈비

(02) 322-5433

큰길에서 살짝 골목길로 숨어들어 있는
집입니다. 낮에는 백반집이라 그날그날
달라지는 밑반찬이 아주 재미나요.
화요일에는 잡채가 나온다니까는
꼬옥 기억하셔요. 늘 기본으로 나오는
연근귤쏘스무침, 아로니아샐러드,
겉절이와 장아찌에서 느껴지는 손맛이
남다르더라구요. 돼지갈비와 소갈빗살도
양이 푸짐하게 나오는 데다 간이 과하지를
않아서 평소보다 많이 먹게 되지요.
마무리로 빠질 수 없는 비빔막국수에는
다진 고기가 들어간 양념이 삼삼하면서
중독적이라 꼭 한 그릇 더를 외치게 됩니다.

추천
메뉴

돼지갈비

황제 갈비살

비빔막국수

⑤ 해금도

서울 마포구 망원로 63, 1층
월-토 17:00~22:50

해금도
통영
여수 당일직송
삼천포
02.336.7656

거나하게 한상 깔리는 해산물 잔치를 맛보고 싶다면은 꼬옥 추천하고 싶은 곳이지요.
손맛 좋은 밑반찬에 콤콤한 갓김치, 새큼달큼 무생채로 시작해서 미더덕회 개불회
소라회,. 바다내음 그득한 해산물에 사르륵 녹는 삼치회는 흰쌀밥과 양념간장을
곁들여다가 맨 김에 싸 먹고,. 미끄덩 녹진녹진 크림 같은 홍어 애에다 입에 넣자마자
씹을 것도 없이 부드럽게 넘어가는 치마살 육전, 마무리로 수제비에 칼칼 짭쪼롬한
병어조림까지.. 다양한 전통주와 와인까지 구비한 데다 익숙한 소주도 빼놓지 않은
술차림 또한 아주 매력적이지요,. 무서우리만치 술이 술술술 넘어갑니다.

**추천
메뉴**

한상차림

[어제도 오시더니 오늘도 오셨군요.
내일도 오시고 또 오신다면 얼마나 좋을까요.]
가게 한편에 붙은 문구가 참 정겹지요.
꼬릿꼬릿하고 진득한 국물이 일품인
곳입니다. 순댓국 한 뚝배기에 순대 반
접시를 시키면은 소주 두 병이 뚝딱,.
보드랍구 고소한 간이 정말 맛 좋으니
꼬옥 뜨끈할 때 드셔요. 둘이 왔다면 순대
대신 육회를 시켜도 좋지요. 바로 옆의
정육식당에서 가져다주는 싱싱한 육회가
많이 달지도 않구 찰진 게 아주 괜찮어요.

추천 메뉴

순댓국

육회

순대 반 접시

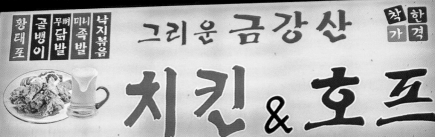

이름처럼 그리운 맛의 호프집입니다. 주머니 가벼울 때 부대찌개를 하나 시켜놓고 한참을 앉아 있다가 소시지도 얻어먹구 그랬어요. 당면, 라면, 물만두에 온갖 게 몽땅 들어 있는 부대찌개도 진미채에 양배추 듬뿍 든 골뱅이 소면도 특별한 맛은 아니지만 언제 먹어도 입에 착 맞는 익숙함이 좋지요. 마늘, 땡초에 칼칼하게 볶은 닭똥집볶음이 참 맛있었는데, 지금은 사라진 메뉴인가 봅니다. 기본안주로는 요즘 보기 드물게 땅콩, 멸치, 강냉이와 김이 나옵니다. 여기에 슬쩍 슬라이스치즈를 챙겨가서는 김에 치즈랑 멸치를 돌돌 말아 고추장 콕 찍어 먹는 맛이 또 기가 막히거든요. 한 병 두 병 소주를 술술술 마시다 보면은 마무리로 챙겨주시는 제철 과일이 늘 정겹고도 감사하지요.

추천 메뉴

골뱅이무침,
부대찌개

⑧ 원조양평신내서울해장국 마포직영점

서울 마포구 토정로31길 24 e편한세상 마포3차
월-토 8:30~22:00, 일 08:30~15:00

아파트 단지의 깔끔한 상가로 이전한 뒤로는 통유리창으로 보이는 경치가 이것 참,.
낮술 한잔하기엔 조금 민망할 때도 있어요. 초간장에 고추기름과 다진 마늘, 땡초 다대기를
휘휘 섞어다가 준비해 놓구 펄펄 끓는 뚝배기 속 넘치게 담긴 내장을 건져다 듬뿍 찍어
먹어야지요. 탱글하구 잡내 없는 선지에 콩나물, 대파도 듬뿍입니다. 맑고 개운한 국물은
그대로 먹어도 맛나지만 후추 탁탁,, 고추기름 두 바퀴를 휘리릭 두르면은 해장술을 부르는
맛이지요. 선지를 더 달라 하면은 국사발에 큼지막한 선지 덩어리를 내주시는 인심에 또
반하게 됩니다.

해장국

추천메뉴

⑨ 신가네빨간집 뼈해장국 본점

서울 마포구 양화로3길 39, 1층
월-금 10:00~22:30
일 10:00~22:00
(16:00~17:00 브레이크타임)

예쁜 분식집처럼 말끔하게 생겼지만 시뻘건 뼈해장국 집입니다. 국물 흠뻑 머금은
우거지에 살이 투실투실하게 붙은 뼈를 쏙쏙 발라내 가며 먹다가 밥 반 공기 훌떡 말아서는
쐬주 한 병을 뚝. 밑반찬으로 나오는 꼬독꼬독 단무지무침이 왜 이리 맛날까요? 매운맛은
4단계까지 입맛대로 선택할 수가 있지요. 매운 걸 한창 찾아 먹을 때에도 4단계는 어이구,
다음 날 속이 다 쓰리더라구요. 욕심내지 말구 어지간하면은 3단계까지로 드셔요. 여럿이
온다면 똑같은 뼈해장국에 감자를 더해다 보글보글 끓여가며 먹는 감자탕을 추천합니다.
수제비, 당면 사리도 나오는 데다 달착지근한 찐만두를 서비스로 내주시니까는
안줏거리가 풍족하지요. 해장국 포장할 적에 밥을 빼면 뼈 한 덩이가
추가된다는 점 꼬옥 기억해주셔요.

추천
메뉴

우거지해장국

겉은 바싹하고 속은 녹진녹진한 돼지막창 맛이 기가 막힌 집입니다. 칼칼한 된장찌개와 쫄면사리 넣어다 비비면 딱 좋을 법한 매콤 새콤 콩나물무침, 달착지근하게 볶은 김치를 안주 삼아 한두 잔 하다 보면은 초벌 삶기 한 막창이 불판 위로 와르르.. 어느 정도 앞뒤 노릇하게 구워지면은 마늘 종지에 덜어두었다가 조금씩 데워 가면서 입맛대로 구워 먹는 게 좋지요. 기름장을 찍어 먹어도 고소하고 콩가루 콕 찍어다 쌈장쏘스에 다진 땡초 약간 올려 먹으면 술이 술술술 들어가거든요. 곱창볶음(야채곱창)도 달지 않구 담백하면서 소주 안주답게 칼칼하지요. 둘이 돼지막창 2인분으로 시작해서 곱창볶음 1인분을 추가하는 코스가 딱입니다.

추천 메뉴

돼지막창

곱창볶음

마포구
배달 음식
10선

매일매일 집밥만 먹기에는 힘이 모자란 날도 있지요,.
에라 모르겠다, 배달이나 시켜야겠다...
입맛이 없다가도 각양각색 메뉴들을 보다 보면 꿀딱 침이 넘어갑니다..
주문한 음식은 잘 만들어지고 있나, 어디까지 왔나..
기다리는 시간마저도 두근두근 즐겁구 그래요.,

1

인생아구찜

추천메뉴

1인 아귀찜 (고니 추가, 제일 맵게, 삼삼한 맛)

통통하구 아삭한 콩나물이 듬뿍,. 달지 않구
깔끔하게 매운 아구찜입니다.. 운이 좋으면
쫄깃쫄깃한 식감의 귀한 부위인 아귀 위 추가 옵션
만날 때도 있구요, 고니냐 알이냐 고민 끝에 식어도
맛나고 다시 데워도 맛난 고니로 선택하게 되지요..
진하고 짭짤한 맛이냐, 삼삼한 맛이냐도 입맛대로
선택을 땡.,

아귀찜에 볶음밥이 빠질 수야 있나요,. 팬에 기름 찔끔
둘러다가 식은 밥을 터억, 미나리를 쫑쫑 다져 넣구 남은
양념 뭉텅 넣어다 김가루에 참기름에 달달달.. 오히려
다음 날 먹을 볶음밥이 더 기다려지기도 합니다..

남았다면?

2 신미불닭발

추천메뉴

무뼈닭발 SET 2인분 (매운맛, 계란찜, 참치마요주먹밥)

둘째가라면 서러울 만큼 닭발을 아주 좋아합니다.. 이
동네 어지간한 배달 닭발집은 두루 섭렵했지요,.
다음 날 턱이 뻐근할 정도로 야물딱지게 뜯어야 제맛인
뼈닭발, 신통방통하게도 발가락뼈만 싸악 발골한
튤립닭발에 보글자글 끓여가며 먹는 국물닭발도
맛나지만은 결국엔 무뼈닭발로 돌아오게 되더라구요,..
불맛 가득하게 고슬고슬 구워낸 닭발이 깔끔하게
매워서는 닭발을 좋아하지 않는다던 친구도 아주 맛나게 먹구 그래요.

남았다면?

꼭 닭발 서너 점에 주먹밥 두어 개 정도가 남게 되더라구
요.. 닭발을 가위로 잘게 조사다가 주먹밥과 함께 전자레인
지에 땡., 말라비틀어졌을 테니 마요네즈 찔끔
넣구 슥슥 비비면 닭발주먹밥이 짠～ ..

3

동대문엽기떡볶이
광흥창점

추천메뉴

엽기오뎅 (매운맛, 당면 추가)

떡보다 어묵을 좋아하는 사람들의 구원자라고나 할까요? 처음 이런 메뉴가 있다는 걸 알았을 때는 이거지, 이거야! 박수가 절로 나왔어요.. 매운 찜닭, 낙곱새처럼 매운 양념 떡볶이에 당면이 빠질 수야 없지요., 어묵 떡보다 요 당면이 더 매우니까는 마요네즈를 준비해 뒀다가 콕 찍어 먹어야 제맛이구요..

체인점이지만은 특히나 양이 많구 소스도 걸쭉하니 간이 쏙 배어 있는 걸루 아는 사람은 다 안다는 맛집이지요., 주말 낮에는 한 시간이 넘게 걸리기도 하지만 기다리는 시간이 아깝지 않은 맛입니다.,

떡볶이를 푸지게 먹었으니 한 며칠간은 생각도 안 날 테지요.. 본죽 통처럼 전자레인지 사용 가능한 냉동 용기에 요 만치씩 덜어다 얼려두면은 출출한 밤에 요긴한 야참거리가 됩니다..

남았다면?

후라이드 참 잘하는 집

추천메뉴

후라이드치킨, 디진다핫치킨

매콤하게 염지된 바삭바삭 후라이드만 최고인 줄
알았지요,. 자신감 넘치는 가게 이름처럼 후라이드
치킨을 참 잘하는 집입니다,. 간장 맛, 치즈가루
맛, 여러 가지 맛이 있다지만 매운 걸 좋아한다면
디진다핫치킨을 꼬옥 드셔보세요., 무시무시한
이름만큼이나 땀이 줄줄 흐를 만큼 매운 양념치킨인데, 속이 쓰리진 않구 입에서만
깔끔하게 맵다가 쑤욱 사라지니까는 큼직한 치킨 무를 곁들여 먹다 보면 계속
들어가거든요., 양념을 대강 버무린 것두 마지막까지 바삭하게 먹도록 배려한 게 아닐지.,

남았다면?

어차피 남길 거라면 손이 덜 가는 가슴살로 남겨두었다가
에어프라이어 땡.. 남은 매운 양념을 콕 찍어 먹어도 좋구
죽죽 찢어서는 양상추 풀떼기에 얹어 머스타드
쏘스 한 바퀴 휘리릭,. 케이준샐러드가 뚝딱.,

이치하루마제소바

매운 교로케 세트 (마제소바 제일 매운맛, 군만두, 감자고로케)

두툼하고 쫄깃한 면발을 알싸한 대파에 다진 고기
듬뿍 든 고추기름 양념에다 팍팍 버무려 먹는 그 맛..
잊고 있다가도 한 번씩 떠오르면은 참을 수가 없어요..
중간쯤 먹었다 싶을 때 식초를 찌익 ,. 깔끔하게 정돈된
맛으로 변하는 게 참 신기합니다.. 마무리로 남은
양념에 비벼 먹으라며 흰쌀밥 요만치도 함께 오지요,.
'눈 딱 감고 한 숟가락만 비벼야지'로 시작해서는
어느새 쌀 한 톨 남김없이 싸악 비벼 먹고 말아요..

감자고로케나 군만두같이 튀긴 음식은 전자레인지에 데우
면은 기름만 죽죽 나오구 눅눅해져서 맛이 없어요., 귀찮더
라두 꼬옥 에어프라이어에 5분 정도만 땡.. 갓 튀긴 것처럼
바삭바삭하게 살아납니다..

남았다면?

소림마라

추천메뉴

마라로제샹궈 (백목이버섯, 푸주 추가,
6단계 제일 맵고 얼얼한 맛)

그냥 먹어두 맛난 마라샹궈에 꾸덕한 크림쏘스를
더했으니 훌딱 반하지 않을 수가 있나요? 매콤고소한
양념을 흠뻑 머금은 백목이버섯이 그렇게 맛이 좋아요.
마포점은 기본적으루 다양한 재료가 푸짐하게
들어있는 데다 기름기가 적어서 비교적 담백한 맛이고,
가재울점은 재료 하나하나를 선택할 수 있게 되어
있더라구요., 아주 진하며 자극적인 맛입니다..

남았다면?

귀찮은 날은 전자레인지에 땡.. 조금 욕심내어서 집에 있는
이것저것 채소 자투리를 달달 볶다가 남은 쏘스까지 싸악
부어 휘리릭 볶아주면은 얼얼한 맛은 덜하더라두
푸짐한 마라로제샹궈 2차전이 되지요..

추천메뉴

대방어, 제철 회

신선하구 쫄깃한 회가 참 맛난 집입니다., 특히나 겨울철 별미인 대방어는 여러 부위가 골고루 나오거든요., 계란찜에 샐러드에 자투리 회무침, 중간중간 집어먹을 만한 찬거리도 넉넉하게 딸려 오니 젓가락이 쉴 틈이 없지요.. 맹숭한 마카로니 콘사라다가 왜 그리 반가운지 몰라요.. 접시 바닥에 처치 곤란한 천사채, 아이스팩 대신 꽁꽁 얼린 사과즙을 넣어주는 센스가 만점입니다,.

남은 회는 간장에다 맛술을 타서 담가두었다가 다음 날 뜨끈한 쌀밥에 얹어먹으면 간단하구 맛난 간장회덮밥으로.., 깨 솔솔 뿌려주면은 더 좋습니다..

남았다면?

육전면사무소

추천메뉴

육전냉면

뽀얀 냉면 육수가 시큼달달한 게 속이 쑤욱 내려갑니다..
밀면 마냥 노리끼리하구 쫄깃한 면발에다 쫑쫑 굵게
채 썬 육전이 제법 섭섭지 않게 얹어져 있지요 ,.겨자를
찌익 뿌려서는 후루룩 훌훌훌.,
기본 찬으로 꼭 계란물에 부친 옛날소시지가 나오는데,
요게 또 막걸리나 청주를 두고 한잔하기에 딱입니다.,
어지간한 배달 냉면보다두 안정적인 맛인 데다 속도
편안하니 여름철 안주로도 해장으로도 참 좋더라구요,.

남았다면?   남는 일이 거의 없지요..

식스티즈

추천메뉴

더블치즈버거, 밀크셰이크

가끔가다 햄버거가 당기는 날.. 이것저것 높디높게 쌓아 올린 것보다 딱 빵과 패티, 치즈로 단출한 치즈버거에다 달콤 시원한 밀크셰이크의 조합이 끝내주지요.. 소고기의 맛이 그대로 느껴지는 든든한 패티에서는 육즙이 주르륵., 노오란 치즈도 두 장 쏙., 아주 클래식한 맛이지만은 햄버거를 먹어야겠다 싶은 날 꼬옥 찾게 됩니다..

햄버거는 남지 않아요 ^ ^

남았다면?

10 에이셉피자 ASAP PIZZA

추천메뉴

에이셉피자 (크레이지핫 업그레이드), 코리안플레이버피자

에이셉은 페퍼로니피자, 코리안은 불고기피자로 아주 단순한 맛입니다,.
토핑이 소박하다고나 할까요? 군더더기 없는 재료에다
줄줄 흐르는 치즈, 거기에 비장의 매운 가루를
왕창 더해주는 옵션을 추가하면 어이구 이거 살찌는
맛인데~,. 하면서도 손은 다음 조각으로 스을쩍..
아는 맛이 무서운 법입니다..
늘 빵만 남은 피자 꽁다리가 애매해지기 마련이지만 여기는 겉은 파사삭
속은 쫄깃한 피자 도우가 특히나 맛이 좋아 따로 쏘스를 찍어 먹지 않아두 목막힘
없이 훌라당 냠냠 먹게 되지요.,

남았다면?

요것 하나 조것 하나 두 조각씩 포개다가 쿠킹 호일 돌돌
감싸 지퍼백에 쏘옥.. 냉동해 뒀다 안주가 급한 밤에 에어
프라이어 땡~ ..,처음 그 맛으로 살아납니다..

50 51

장안의 화제!
(구)트위터
인기 레시피

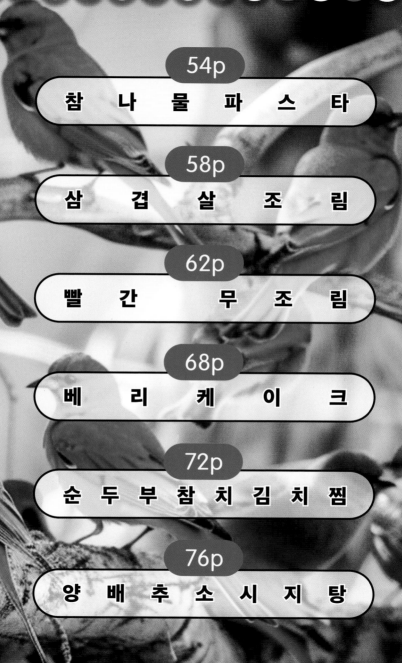

추운 겨울잠에서 깨어나는 봄이 오면
쌉싸름 향긋한 나물로 입맛두 깨워줘야지요,.
스파게티면 착착 삶아다가

봄나물 향기 물씬 풍기는 참나물 성둥성둥 썰어 버무리면은
새큼 짭쪼롬 쌉싸롬 고소한 게
잊고 있던 입맛이 얼른 돌아옵니다..

참나물파스타

재료

- ◎ 참나물 1줌
- ◎ 파스타 면 100g
- ◎ 다진 마늘 1/2큰술
- ◎ 말린 베트남고추 2개
  (청양고추, 페페론치노로 대체 가능)
- ◎ 들기름 1/2큰술
- ◎ 액젓(멸치, 까나리 등)1큰술
- ◎ 식초 또는 레몬즙 1/2큰술
- ◎ 소금 1/2큰술
- ◎ 설탕 1/2큰술

곁/들/임/술

직접 담근 매실주(166p 참고)
지난 여름에 담가둔 매실주가 참 잘 익었습니다. 얼음 동동
띄워다가 차근차근 마시기에도 좋구 이렇게 산뜻한
파스타에다가는 탄산수 부어다 시원스레 꿀떡 마셔도 끝내줍니다.

냄비에 1L 이상의 넉넉한 물을 끓입니다.

끓는 물에 파스타 면과 소금을 넣고
포장지에 적힌 시간보다 1분 더 삶습니다.

삶은 파스타 면은 찬물에 헹군 뒤 체에 밭쳐
물기를 뺍니다.

참나물은 깨끗이 씻어 잎과 줄기를 4cm
길이로 썹니다.

큰 볼에 잘게 다진 베트남고추와 다진
마늘, 액젓, 식초, 설탕을 넣고 잘 섞습니다.

삶은 파스타 면을 넣고 양념과 잘 섞은 뒤
참나물과 들기름을 넣어 한 번 더 잘
버무립니다.

팁!

참나물 양에 따라 간이 달라지니 양념은 넉넉히... 면과 참나물 물기를 탈탈탈,.
잘 털어야 물기 흥건하지 않구 간이 쏘옥 배입니다..

어이고 힘들다, 어이고 되다.,
집에 돌아오니 온몸이 천근만근 푸욱 퍼지는 게.. .
씹을 힘도 없는 날에는
녹진녹진 살살 녹는 게 땡기지요,.

삼겹살 한 줄 툭, 꺼내다가
달큰한 간장 양념으루 차분히 조려주기만 하면
윤기는 차르르 입에선 사르르...
기운이 번쩍 나는 삼겹살 조림입니다..

삼겹살조림

재 료

- ◎ 두께 2cm
  삼겹살 1줄(150g)
- ◎ 대파 5cm
- ◎ 마늘 5알
- ◎ 생강 1톨
- ◎ 다진 마늘 1작은술

[양념]
- ◎ 소주 1소주잔
- ◎ 맛술 1소주잔
- ◎ 간장 0.5~0.8소주잔
- ◎ 물 4소주잔
  *소주잔 가득1기준

서/브/메/뉴

반숙 겨란, 파채

① 삼겹살은 팬에 들어가기 좋게 절반으로 뚝 잘라둡니다.

② 생강은 편으로, 마늘은 넓적하게 2등분해 썰고, 대파는 어슷하게 썹니다.

③ 팬에 삼겹살과 대파, 마늘, 생강, 다진 마늘과 양념 재료를 모두 넣습니다.

④ 센 불에서 바르르 끓어오르면 뚜껑을 덮고 중약불로 20분간 조립니다. 국물이 거의 졸아들고 삼겹살에 윤기가 돌면 접시에 담습니다.

곁/들/임/술

서울고량주 레드 35도 / 375ml / 12,000원대 / 대형마트, 주류점 등
향이 참 좋은 한국 고량주입니다. 요 메뉴에는 대파, 생강, 마늘 향채가 듬뿍 들어 있는 데다 기름진 삼겹살이다 보니 입안을 싸악 씻어줄 독한 고량주가 제격이에요.

팁!

사르르 녹는 삼겹살조림과 주르륵 흐르는 반숙 겨란 조합이 아주 기가 막혀요., 요게 또 고소한 맛과 부드러움이 두 배가 되거든요,. 파채는 찬물에 5~10분 정도 담가 두었다 건지면은 매운맛이 빠져서 먹기 편하지요.,

어릴 적에는 생선조림 속 무가 더 맛이 좋다며
버젓이 남은 생선을 두고 무 먼저 홀라당 집어먹기도 했지요.,
두툼하게 썬 무를 고춧가루 듬뿍 양념에다 차근차근 조려주면은

빨간 무조림

속에까지 간이 쏘옥 배어든 게 생선 없이도 맛만 좋거든요,.
뜨끈한 쌀밥 한 공기가 뚝딱 사라지는 밥반찬이 됩니다..

빨간 무조림

재료

- ◎ 무 1/2개
- ◎ 물 1,000ml
  (쌀뜨물로 대체 가능)
- ◎ 쌀뜨물 800ml
- ◎ 소금 1/2작은술

[양념]
- ◎ 다진 대파 1큰술
- ◎ 다진 마늘 1큰술
- ◎ 간장 5큰술
- ◎ 맛술 2큰술
- ◎ 고춧가루 4큰술
- ◎ 설탕 1+1/2큰술
- ◎ 후추 약간

①

무는 깨끗이 씻어 겉껍질의 지저분한
부분만 깎아낸 뒤 2cm 두께로 썹니다.

②

냄비에 무와 쌀뜨물, 소금을 넣고 센 불에서
한 번 끓어오르면 10분 더 끓입니다.

③

작은 볼에 양념 재료를 모두 넣고 잘
섞습니다.

④

②에 물 또는 쌀뜨물을 무가 잠길 만큼
보충하고 섞어둔 양념을 얹습니다.

팁!

이렇게 도톰한 무조림은 적어두 1시간 잡구 차근히 익히는 게
맛있습니다., 만들어서 바로 먹는 것보다는 국물 자작하니 남았을
때 불을 꺼야 한 김 식는 동안에 국물을 빨아들이면서 촉촉해지구
제대로 간이 배어들지요., 쌀뜨물은 양념에 감칠맛도 더하고 무의
잡내를 잡는 역할을 하지만은 맹물이나 다시마 멸치육수를 써도
괜찮아요..

⑤

뚜껑을 덮고 센 불에서 한 번 끓어오르면
중약불로 줄여 40~50분간 조립니다.

tip. 무가 푹 익기 전에 물이 졸아들었다면 한 컵씩
보충해 가며 충분히 익힙니다.

⑥

무를 젓가락으로 찔렀을 때 부드럽게 쏙
들어가면 불을 끕니다. 무 안쪽까지 간이
배도록 그대로 20분간 한 김 식힙니다.

서/브/메/뉴

쌀밥

곁/들/임/술

새로 16도 / 360ml / 마트 기준 1,400원대 / 전국 대형 마트, 편의점

맛이 아주 깔끔한 소주입니다. 무색투명한 소주병이 한때는
낯설었지만 이제는 어딜 가나 팔고 있을 정도로 인기가
좋아요. 코를 타악 때리는 소주 냄새가 덜해서는 처음 맛을
보면 이게 소주인지 맹물인지 밍밍하게 느껴집니다. 기분
탓인지 과음한 다음 날 숙취가 덜한 것 같기두 해요. 요즈음은
동네 마트서 박스로 주문해다가 두고 마시고 있지요.

집에서 만드는 케이크는 소박한 맛이 있지요.,
적당한 단맛에 촉촉한 식감의 케이크입니다.,
블루베리 라즈베리 딸기 알알이 올린 과일이 보기에도 참 예뻐요.,

베리케이크

과정이 간단해서 슬렁슬렁 마음 놓구 만들어도 되지마는
맛만큼은 공들여 만든 것 못지않아요,.
우울할 때는 작은 성취감이 좋다나요 . .
뭘 해도 울적한 날에 자근자근 만들기 좋지요.,

베리케이크

재료

- ◎ 냉동 베리 200g
  (블루베리, 라즈베리, 딸기 등)
- ◎ 달걀 1개
- ◎ 우유 120g
- ◎ 꿀 40g

- ◎ 카놀라유 60g
- ◎ 식초 15g
- ◎ 중력분 140g
- ◎ 베이킹파우더 3g
- ◎ 설탕 60g+1큰술

- ◎ 양주 1작은술
  (생략 가능)
- ◎ 바닐라엑기스 약간
  (생략 가능)

서/브/메/뉴

요거트치즈크림, 남은 과일

팁!

입맛 따라 크림을 곁들여도 좋지요.. 고소한 생크림도 단연 맛나구
마스카포네 치즈와 요거트를 3:1 비율로다가 설탕 두 숟갈 섞어
꾸덕하구 달달한 요거트 치즈크림을 만들어 먹으면 맛이 참 좋아요.,
베리를 설탕에 버무려 놓는 건 빵이 질척해지지 않도록 한 번
코팅하는 과정입니다. . 굽는 시간과 온도는 오븐 따라 달라지니까는
10~15분 지나 윗면에 연갈색이 돈다.. 싶을 적에 쿠킹호일 한 장
덮어다가 온도를 160도 정도로 조금 낮춰 마저 굽는다고 생각하셔요.,

① 작은 볼에 냉동 베리와
설탕 1큰술을 넣고 잘
버무려 10분간 두고 오븐은
180도로 예열합니다.

② 큰 볼에 달걀을 깨트려
넣고 거품기나 포크로 잘
풀어줍니다.

③ 달걀물에 우유와 꿀,
카놀라유, 식초, 설탕 60g,
양주, 바닐라엑기스를 넣고
잘 섞습니다.

④ 중력분과 베이킹파우더는
한 번 곱게 체에 칩니다.

⑤ ③에 체친 중력분과
베이킹파우더를 넣고 뭉친
곳이 없을 정도로만 가볍게
섞어 반죽을 만듭니다.

⑥ 원형 틀에 카놀라유를
바르고 반죽을 부은 뒤
절인 베리를 예쁘게
얹습니다. 180도로 예열한
오븐에서 40분간 굽습니다.
tip. 딸기는 2등분이나 4등분해서
올리면 좋아요.

곁/들/임/술

발베니 12년 더블우드 40도 / 700ml / 10만 원대 초반 / 보틀숍, 대형마트
위스키를 잘 모르는 저 같은 사람두 아, 참 맛이 괜찮네..
아는 척을 하고 싶어지는 맛입니다. 과실향과 건포도향이
진하면서두 바닐라인 듯 캐러멜인 듯 달달한 맛이 편안하게
느껴지지요. 안주 없이 홀짝이기에도 좋지만 끝에 쌉쌀한 맛이
남다 보니 과일 듬뿍 들어간 케이크에두 잘 어울려요.

참치 캔 하나에 순두부 한 봉다리,
냉장고에 남은 김치 요만치와 겨란을 톡.,
자작한 국물에다 건져 먹을 게 듬뿍 들었으니까는

순두부참치김치찜

이놈의 참치가 다 어딜 갔나,. 참치김치찌개 뒤적이던 설움이 싹 가시지요..
큼지막한 순두부에 잘잘한 참치까지 숟가락으로 푹 떠다가
입천장 델 새라 후우.. 후우.. 불어가며 먹는 맛이 기가 막힙니다.,

순두부참치김치찜

2 인분 · 30 분

재료

- ◎ 배추김치 1공기
- ◎ 순두부 1봉
- ◎ 참치 1캔
- ◎ 달걀 2개 (1인분당 1개)
- ◎ 양파 1/2개
- ◎ 청양고추 2개
- ◎ 대파 5cm
- ◎ 김칫국물 3큰술
- ◎ 물 100~150ml
- ◎ 들기름 2큰술
- ◎ 고춧가루 1큰술
- ◎ 설탕 1큰술
- ◎ 후추 약간

서/브/메/뉴

쌀밥, 나물반찬

팁!

순두부에서 물이 많이 나오니까는 물은 딱 참치 캔 하나 분량만 넣는 게 좋아요.. 간을 보구 싱거우면은 김칫국물이나 간장을 살짝 더하면 되지요., 참치 캔 기름을 빼느냐 마느냐는 담백하게, 눅진하구 기름지게.. 입맛 따라 골라주세요..

①

양파는 1cm 두께로
슬라이스하고 청양고추와
대파는 어슷하게 썹니다.

②

김치는 한입 크기로 썹니다.

③

냄비에 들기름을 두른 뒤
김치와 고춧가루, 설탕을
넣고 중간 불에서 7분간
볶습니다.

④

참치와 양파, 청양고추,
물을 넣고 양파가
반투명해질 때까지 5분간
볶습니다.

⑤

큼직하게 2~3등분한
순두부와 김칫국물, 후추를
넣고 뚜껑을 덮어 중간
불에서 5분간 끓입니다.

⑥

달걀을 깨트려 넣고
어슷하게 썬 대파를 얹은
뒤 뚜껑을 덮어 2분간 더
끓입니다.

곁/들/임/술

마계로의 초대 25도 / 720ml / 4-5만 원대 / 대형 마트, 보틀숍

험악한 이름과 달리 목 넘김이 부드럽고 고구마 향이 진한 일본
소주입니다. 군고구마로 만들었다는 술답게 종이봉투로 감싼
포장도 재미나구요. 딱 꿀이 줄줄 흐르는 군고구마 냄새가 나는데,
그만치 달지는 않아요. 뒷맛이 약간 미끄덩하면서도 깔끔해서
맛이 진한 안주에도 지지 않지요. 잔에다 큼직한 얼음 하나 동동
띄워다가 온더락으로 마시면은 딱 좋습니다.

양배추를 숭덩덩 쪼개 넣구 쏘세지 마늘도 퐁당.,
냄비뚜껑 터억 닫아놓구 삼사십 분 느긋하게 끓여볼까요..
포옥 익은 양배추는 별다른 양념 없이도 참 달구 맛나지요,.

간간하게 간을 해다가 그대로 먹어도 좋고
여기에 홀그레인 머스터드를 곁들이면은 알싸한 맛이 더해져
위스키나 와인 안주로도 궁합이 딱이거든요..

양배추소시지탕

2 인분 / **50** 분

재료

- ◎ 양배추 1/3통
- ◎ 소시지 3~5개
- ◎ 마늘 15알
- ◎ 말린 베트남고추 2~3개
- ◎ 치킨스톡 1+1/2큰술
- ◎ 통후추 적당량
- ◎ 소금 약간

서/브/메/뉴

마늘빵, 야채피클

곁/들/임/술

운암 오크 32도 / 375ml / 1만 원대 / 보틀숍

위스키인 듯 소주인 듯 신통방통한 술입니다. 술의 때깔부터가
위스키스러운 황금빛이니 더욱 아리까리하지요. 꿀, 바닐라, 후추
등 다양한 향이 풍기는 게 소주인 줄 모르고 마셨더라면 어디
위스키인지 궁금했겠어요. 삼삼한 음식이나 가벼운 안주에 어울리는
술입니다. 뒤에 가면 알코올 향이 슬그머니 올라오지만, 그 또한
즐기면은 그만이지요.

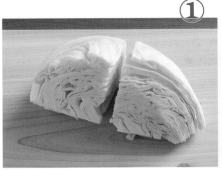

① 양배추는 심 부분을 잘라내고 큼직하게 썹니다.

② 냄비에 양배추를 담고 물을 잠길 만큼 붓습니다.

③ 소시지와 꼭지를 딴 마늘, 말린 베트남고추, 치킨스톡, 통후추 5~6알을 넣습니다.

④ 센 불에 올려 끓기 시작하면 뚜껑을 덮고 중간 불로 30~40분간 더 끓입니다. 이때 중간에 물을 더해서 양배추가 잠길 만큼의 물양을 유지합니다.

팁!

⑤ 양배추가 부드럽게 익으면 소금으로 간하고 통후추를 갈아 넣습니다.

치킨스톡 대신에 연두, 맛소금, 콘소메 등 집에 있는 양념으루 간을 맞춰도 좋아요., 담담한 맛이지만 홀그레인 머스터드의 새큼함이 더해지면 물리질 않아서 끝도 없이 들어갑니다., 소시지는 비싼 놈으로 넣으면 더 고급스러운 요리가 되구, 통통만 하다면은 저렴한 후랑크 소시지두 꽤 잘 어울리지요..

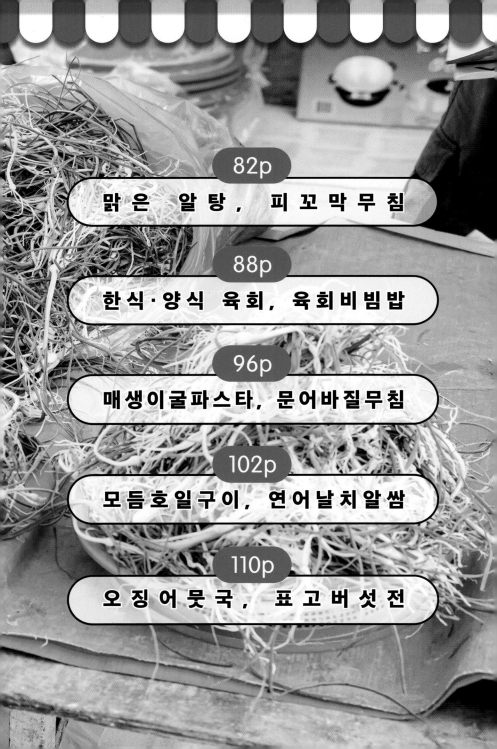

오늘은 또 뭐가 싸구 맛날라나 어디 보오자,.
마트 수산코너 앞을 지날 때면 별달리 살 게 없는데두 한 번씩은 꼭
기웃거리게 되지요..
반짝반짝 빛나는 고등어 삼치를 지나

언제 봐도 탐스러운 꼬불꼬불 곤이 오동통 알탕거리..
무에다 부추 넣구 칼칼하니 시원한 알탕을 끓여볼까요,.
토실토실 피꼬막 살엔 고춧가루 간장 식초 설탕 참기름.,
빨간 양념으루 조물조물 해주면 술맛 나는 한상차림이 땡입니다..

맑은 알탕

재료

- ⊙ 알, 곤이 1팩(250g)
- ⊙ 두부 1/2모
- ⊙ 무 2cm 1토막
- ⊙ 부추 1줌
- ⊙ 청양고추 2개
- ⊙ 다시마 6x6cm 2장
- ⊙ 다진 마늘 1/2큰술
- ⊙ 물 1,200ml
- ⊙ 새우젓 2큰술
- ⊙ 소금 약간
- ⊙ 후추 약간

무는 껍질을 벗겨 5mm 두께로 납작하게
나박썰기합니다. 알과 곤이는 찬물에
가볍게 헹군 뒤 먹기 좋게 썹니다.

부추는 4cm 길이로, 청양고추는 어슷하게
썰고 두부는 한입 크기로 썹니다.

냄비에 물과 다시마, 무를 넣고 센불에
올려 끓기 시작하면 다시마는 건져냅니다.

두부와 청양고추, 다진 마늘, 새우젓을
넣고 무가 잘 익을 때까지 중간 불에서
10분간 더 끓입니다.

알과 곤이를 넣고 3~5분간 더 끓인 뒤
소금으로 간을 맞춥니다.

부추를 넣고 숨이 죽으면
후추를 살짝 뿌립니다.

피꼬막무침

서/브/메/뉴

부추전

재 료

- ◎ 자숙피꼬막 1팩(250~300g)
- ◎ 오이 1개
- ◎ 대파 1/2개
- ◎ 양파 1/2개
- ◎ 깻잎 2묶음

- ◎ 청양고추 1개
- ◎ 다진 마늘 1큰술
- ◎ 참기름 1큰술
- ◎ 간장 4큰술
- ◎ 식초 3큰술

- ◎ 맛술 1큰술
- ◎ 고춧가루 4큰술
- ◎ 설탕 1큰술
- ◎ 통깨 약간

① 자숙피꼬막은 찬물에 헹궈 물기를 뺍니다.

② 양파는 슬라이스하고 오이는 길게 반으로 갈라 어슷하게 썹니다.

③ 깻잎은 돌돌 말아 채 썰고 청양고추와 대파는 어슷하게 썹니다.

④ 볼에 모든 재료를 담고 골고루 버무립니다.

팁!

알탕 속 알과 곤이는 오래 끓이면 퍽퍽하구 질겨지니까 조심조심..
무는 꼭 빼놓지 말고 넣어주셔요, 국물이 그렇게 시원할 수가 없습니다..
맑은 알탕에 애호박을 더하면 달큰하니 맛이 더 순해지지요..
피꼬막무침에는 남은 채소 뭐든 좋아요.. 다른 조개보다 살이
토실토실한 놈이라 채소를 듬뿍 넣어두 든든하게 주인공 역을 합니다.,

곁/들/임/술

삼양춘 청주 15도 / 500ml / 19,500원 / 온라인(술마켓)
시원하게 마시면 더욱 맛이 좋은 청주입니다. 옅은 금빛에 새큼한
과실 향이 싱그럽기 그지없어요. 좋은 화이트와인처럼 화려한향이
돌지만 맛은 달지를 않아서 이거라면 몇 병이라도 마시겠는걸
싶더라구요. 미적지근하게 식으면은 누룩내가 올라오니 얼음통을
준비해다가 꼬옥 시원하게 드셔요.

사람 몸이 피곤하면 기름진 것보다는
담백하니 술술 들어가는 날것이 당기고 그러지요., ,
육회거리 한 근 사다가 절반은 다진 파마늘에 한식 스타일로
간장 설탕 후추 조물조물,.

한식·양식 육회, 육회비빔밥

또 절반은 머스터드 양파 우스타쏘스로 새큼알싸한 서양식 육회를 땜,.
한식 육회는 고추장 양념 더해다가 상추 툭툭 뜯어 비빔밥을 해 먹기도 하고
양식 육회는 빵조각에다 치즈 올리브 올려 쏙..
싱싱한 음식을 먹으면은 몸에 활기가 도는 법입니다,.

한식 육회

재 료

- ◎ 육회용 소고기 300g
- ◎ 배 1/4개
- ◎ 달걀노른자 1개

[기름장]
- ◎ 참기름 1큰술
- ◎ 소금 1/2작은술

[양념]
- ◎ 다진 대파 1큰술
- ◎ 다진 마늘 1큰술
- ◎ 참기름 1큰술
- ◎ 간장 1큰술
- ◎ 설탕 1/2큰술
- ◎ 맛소금 1/2작은술

- ◎ 통깨 약간
- ◎ 후추 약간

곁/들/임/술

전주 이강주 25도 / 375ml / 13,000원대 / 술마켓
약소주인 이강주입니다. 입에 머금으면은 수정과마냥 자연스러운
달착지근한 맛이 먼저 올라오구, 알싸함이 목구멍을 따끈하게 톡!
치고 가면서 쑤욱,. 목넘김이 부드러워서 도수가 꽤 높은 편인데도
술술술 들어가지요.

키친타월 두 겹을 깔고 그 위에 육회용 소고기를 올립니다.

다른 키친타월 두 겹으로 소고기를 덮은 뒤 가볍게 꾹꾹 눌러 핏물을 제거합니다.

배는 껍질을 벗긴 뒤 5mm 두께로 가늘게 채 썹니다.

큰 볼에 육회용 소고기와 양념 재료를 모두 넣고 골고루 버무립니다.

작은 종지에 기름장 재료를 담고 잘 섞습니다.

접시에 육회와 채 썬 배를 함께 담고 달걀노른자는 육회 위에 얹거나 작은 종지에 따로 냅니다. 기름장을 곁들입니다.

육회비빔밥

재료

- ◎ 쌀밥 2공기
- ◎ 한식 육회 200g(90p)
- ◎ 콩나물 100g
- ◎ 양파 1/4개
- ◎ 상추 6장
- ◎ 참나물 1/2줌
- ◎ 조미김 1팩
- ◎ 달걀노른자 2개
- ◎ 고추장 1큰술
- ◎ 꿀 1/2큰술
- ◎ 맛술 1/2큰술
- ◎ 참기름 약간
- ◎ 소금 1/2큰술

볼에 고추장과 맛술, 꿀을 담고 잘 섞은 뒤 한식 육회를 넣어 손으로 잘 버무립니다.

양파는 최대한 얇게 채 썰고, 참나물은 4cm 길이로 썹니다. 상추는 먹기 좋게 손으로 뜯습니다.

콩나물은 흐르는 물에 씻고 끓는 물에 소금을 넣어 3분간 데친 뒤 찬물에 헹구고 체에 밭쳐 물기를 뺍니다.

큰 사발에 밥 1공기를 먼저 담고 상추와 참나물, 데친 콩나물, 양파, 손으로 찢은 조미김을 빙 둘러 담습니다.

가운데에 무쳐둔 육회를 동그랗게 담고 육회 중앙을 움푹하게 만들어 달걀노른자를 올린 뒤 참기름을 살짝 두릅니다.

양식 육회

재 료

- ◎ 육회용 소고기 300g
- ◎ 양파 1/4개
- ◎ 달걀노른자 1개
- ◎ 다진 피클 1큰술
- ◎ 다진 마늘 1작은술
- ◎ 우스터소스 1큰술
- ◎ 홀그레인 머스터드 1+1/2큰술
- ◎ 올리브유 1큰술
- ◎ 소금 약간
- ◎ 후추 약간

곁 들 임

- ◎ 바삭하게 구운 빵
  (식빵, 바게트 등) 4장
- ◎ 고다 치즈 약간
- ◎ 올리브 5알
- ◎ 하인즈 버거소스 약간

팁!

핏물을 제거하는 과정이 별것 아니어 보이지만 요게 빠지면 자칫
누린내가 나거나 금세 질척하게 핏물이 배어 나오기도 하거든요., 뭐니
뭐니 해도 신선한 육횟감을 구하는 게 제일이라 동네 정육점에 미리
부탁해두는 게 가장 좋습니다..냉동 육회는 한식 양념이 잘 어울려요^^

① 육회용 소고기는 키친타월로 핏물을 제거한 뒤(91p 참고) 약 3cm 길이로 굵게 다지듯 썹니다.

② 볼에 다진 육회를 담고 소금과 후추로 밑간합니다.

③ 양파는 아주 잘게 다지고 찬물에 5분간 담가 매운기를 뺀 뒤 체에 밭쳐 물기를 빼둡니다.

④ 볼에 밑간한 육회와 다진 양파, 다진 피클, 다진 마늘, 우스터소스, 홀그레인 머스터드, 올리브유를 넣고 손으로 골고루 버무립니다.

⑤ 양념한 육회에 구운 빵과 치즈, 올리브, 소스를 취향껏 곁들여 먹습니다.

곁/들/임/술

타라파카 카베르네 소비뇽 13.5도 / 750ml / 1만 원 이하 / 편의점, 대형마트

물 탄 듯 가벼운 데다 저렴해서 쭉쭉 마시기 좋은 와인입니다. 첫 향은 포도주스처럼 달지만 한번 뚜껑을 딴 뒤에는 마시면 마실수록 새큼함과 씁쓸하구 떫은맛이 같이 올라오지요. 워낙 떫은맛이 강하다 보니 호불호가 갈리는 편이라고 하더라구요. 저야 저렴하니 마음 편히 죽죽 마실 수 있어 좋아합니다.

추운 겨울 싫다 싫다 하다가도
시장에 매생이 나온 것만 보면 그렇게 신날 수가 없어요.,
세상이 참 좋아져서는 매생이도 굴도 냉동제품으로다가
사시사철 제맛을 즐길 수가 있지요..
숟가락 묵직할 만치 걸쭉하게 매생잇국도 끓이고

매생이굴파스타, 문어바질무침

한 덩이 남겨둔 매생이에 삶은 면 국간장 마늘에 굴까지 더해 달달달..
수루룩 매끌하니 넘어가는 매생이굴파스타지요.,
바질 냄새 향긋한 문어무침까지 더하면
식탁 위에 겨울 바다가 한 상 가득입니다..

매생이굴파스타

재료

- ⊙ 파스타 면 100g
- ⊙ 매생이 80g
- ⊙ 생굴 80g
- ⊙ 마늘 5알
- ⊙ 말린 베트남고추 3개
- ⊙ 올리브유 3큰술
- ⊙ 국간장 1/2큰술
- ⊙ 소금 약간
- ⊙ 파르메산 치즈가루 약간
- ⊙ 통후추 약간

①

매생이는 체에 밭쳐 흐르는 물에 손으로 휘저어가며 씻고 물기를 빼줍니다. 생굴은 찬물에 살살 흔들어 살짝 씻어냅니다.

②

마늘은 굵게 다집니다.

③

냄비에 1L 이상의 넉넉한 물을 끓인 뒤 소금 1/2큰술과 파스타 면을 넣고 삶다가 포장지에 적힌 시간보다 1분 먼저 건져냅니다. 이때 면수를 1/2컵 정도(90ml) 따로 챙겨둡니다.

④

팬에 올리브유와 다진 마늘, 베트남고추를 손으로 잘게 부숴 넣고 향이 올라오도록 약한 불에서 3~5분간 볶습니다.

⑤

매생이와 따로 둔 면수 1/2컵을 넣고 젓가락으로 잘 풀어가며 2~3분간 볶습니다.

⑥

굴과 삶은 파스타 면, 국간장을 넣고 3분 정도 더 볶아 촉촉하게 마무리합니다.

⑦

소금으로 간을 맞추고 파르메산 치즈가루와 통후추를 뿌립니다.

팁!

매생이와 굴, 소금물에 삶은 면, 곁들이는 치즈가루까지 모두 짠맛을 가지고 있으니까 국간장은 구수한 향을 내는 정도라구 생각해주세요., 냉동 매생이는 봉지째로 물에 담가놓구, 냉동 굴은 연한 소금물에 잠깐 담가두면은 탱글탱글하게 해동이 됩니다..

문어바질무침

재 료

- ◎ 자숙문어 300g
- ◎ 티백 1개 (홍차, 녹차 등)
- ◎ 마늘 3알
- ◎ 바질페스토 2큰술
- ◎ 올리브유 1큰술
- ◎ 소금 약간
- ◎ 후추 약간

서/브/메/뉴

백김치, 고추장아찌

곁/들/임/술

구스아일랜드 IPA 473ml / 5.9도 / 4,500원 / 편의점, 대형마트 등
홉의 향과 씁쓸한 맛이 강한 맥주입니다. 오렌지 같은 과일 향과
약간의 단맛이 산뜻하게 입가심을 해줘서는 해산물 음식과 잘
어울리지요. 맥주치고는 도수가 높아 꿀꺽꿀꺽 마시다가는 취할 수
있으니 조심하세요.

팁!

오징어, 주꾸미, 낙지가 그렇듯 문어두 오래 익혔다가는 질겨지는
재료이지요,. 마트에서 팩에 담긴 자숙문어 대부분은 살짝만 데친
상태로 포장된 것이라 집에서 먹기 전에 1~2분만 더 데치면 됩니다.
요때 티백 하나 퐁당 넣어주면은 여분의 비린내를 잡을 수 있어요..

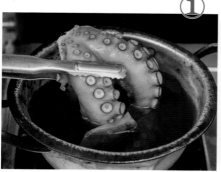

자숙문어는 티백을 넣은 끓는 물에 넣어
1~2분간 짧게 데칩니다.

데친 자숙문어는 쫄깃함이 살도록 찬물에
담가 1분간 식힌 뒤 체에 밭쳐 물기를 뺍니다.

다리 끝부분은 2cm 두께로 통통하게 썰고,
두꺼운 윗부분은 어슷하게 썹니다.

마늘은 3등분해
저미듯 썹니다.

팬에 올리브유와
마늘을 넣고 약한
불에서 노릇하게
굽습니다.

마늘 향이 올라오면 썰어둔 문어를 넣고
1~2분간 뒤적이며 볶습니다.

불을 끄고 한김 식힌 뒤 팬의 물기를
닦아내고 바질페스토를 넣어 버무립니다.
소금과 후추로 간합니다.

여럿이 모인 자리에는 즐거운 파티 음식이 빠질 수 없지요..
준비 과정부터 왁자지껄 함께하면은
먹을 때 맛도 배로 늘어나는 법입니다.,

모듬호일구이, 연어날치알쌈

밑간해둔 재료에 손질한 채소, 쏘스를 잔뜩 늘어놓구
저마다 돌돌 말아 에어프라이어나 오븐에 땅..
속에 뭐가 들었나 열어보기 전까지는 모르니까
은근슬쩍 벌칙 재료를 넣어두 재미나겠어요.,

◎ 닭고기 200g
(다리살 또는 가슴살)
◎ 구이용 연어 200g
◎ 조개류 1줌 (백합, 왕바지락)
◎ 오징어, 관자살, 생굴 각 1줌씩
◎ 소시지 1개
◎ 버섯 1줌
(표고, 느타리, 팽이 등)
◎ 감자 1개
◎ 가지 1개
◎ 부추 1/2줌
◎ 마늘 10알
◎ 방울토마토 10개
◎ 치즈 약간
◎ 맛술 1/2큰술
◎ 굵은소금 적당량
◎ 소금 3꼬집
◎ 후추 약간

[양념]
◎ 버터 1/2큰술
◎ 올리브유 1큰술
◎ 맛술 1큰술
◎ 간장 1/2큰술
◎ 레몬즙 1작은술
◎ 소금 2꼬집
◎ 후추 약간
◎ 말린 베트남고추
1~2개

[소스]
◎ 초간장 적당량
◎ 마요네즈 적당량
◎ 칠리소스 적당량
◎ 초장 적당량

① 닭고기와 연어는 한입 크기로 썰어 소금과 후추, 맛술로 밑간합니다.

② 조개류는 해감 된 것으로 준비해 흐르는 물에 깨끗이 씻고 관자살, 생굴은 흐르는 물에 살살 헹굽니다.

③ 오징어는 굵은소금으로 문질러 빨판과 껍질을 제거하고 내장을 떼어낸 뒤 몸통은 링 모양으로, 다리는 두세 가닥씩 썹니다.

④ 소시지와 버섯, 치즈는 한입 크기로, 가지는 어슷하게 썰고 부추는 4cm 길이로 썹니다.

⑤ 감자는 깨끗이 씻어 껍질째 4등분한 뒤 랩으로 싸거나 내열 용기에 담아 전자 레인지에 넣고 4~5분간 돌려 익힙니다.

⑥ 쿠킹 호일을 사방 20cm 정도 크기로 여러 장 넉넉히 자릅니다.

⑦

잘라둔 쿠킹 호일을 두 장씩 겹처 깔고
손질한 재료들과 양념 재료를 취향껏 조합*해
담아 국물이 새지 않도록 여민 부분을 위로
오게 꽁꽁 쌉니다.

⑧

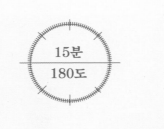

15분
180도

에어프라이어나 오븐에 넣고 180~190도에서
10~15분간 굽습니다.

⑨

입맛에 따라 좋아하는 소스를 찍어 먹습니다.

재료와 양념
꿀조합 추천

↓

생굴 조개 마늘
베트남고추 소금 올리브유

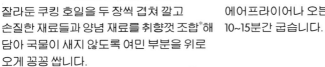

닭고기 방울토마토
치즈 소금 올리브유

오징어 관자
간장 후추

감자 마늘
버터 간장 후추

연어 버섯
버터 간장 후추
+ 레몬즙 약간

팁!

다 함께 장 보러 마트에 다녀오는 것부터 시작을 해도 재미나지요..
만들고 먹고 만들고 먹고 하다 보면은 하루 종일 끝나지를 않아요,.
감자, 당근같이 단단한 재료는 전자레인지로 미리 익혀두면
간편하지요., 금방 익는 재료라면 뭐든 호일구이로 가능하니까는
감자와 오징어에 간장, 버터, 후추.. 닭다리살에 방울도마도, 치즈
등등 맛난 조합을 찾아보는 재미가 있어요,,

연어날치알쌈

재료

- ◎ 잎채소 적당량
  (양상추, 엔다이브,
  로메인 등)
- ◎ 오이 1/4개
- ◎ 양파 1/4개

- ◎ 무순 1/2팩
- ◎ 훈제 연어 100g
- ◎ 냉동 날치알 1큰술
- ◎ 찬물 1컵(180ml)
- ◎ 맛술 1큰술

[땅콩소스]
- ◎ 땅콩버터 3큰술
- ◎ 마요네즈 2큰술
- ◎ 꿀(올리고당) 1큰술
- ◎ 레몬즙 2큰술

서/브/안/주

마른안주, 치즈

곁/들/임/술

프레시넷 카르타 네바다
11.5도 / 750ml / 1만 원대 중후반 / 대형 마트, 보틀숍

가볍게 마시기 좋은 스파클링 와인입니다. 달큰하구 산뜻한
과실 향에 자글자글한 탄산이 아주 기분 좋은 느낌이라 나도
모르게 죽죽 들어가지요. 맑은 금색의 반짝반짝 예쁜 모양새에
가격대도 적당하니까는 여럿이 모인 자리에서도 부담 없이
꿀딱꿀딱~, . 끝마무리가 약간 쌉쌀한 게 해산물에도 느끼한
안주에도 잘 어울립니다.

볼에 찬물과 맛술, 레몬즙을 넣고 잘 섞은
뒤 날치알을 5분간 담갔다가 촘촘한 체에
밭쳐 물기를 뺍니다.

받침이 되어줄 잎채소는 한입 크기로
뜯어둡니다.

양파는 가늘게 채 썬 뒤 찬물에 담가
매운기를 빼고, 오이는 세로로 반 자른 뒤
3mm 두께로 어슷하게 썹니다.

훈제연어는 반으로 잘라 돌돌
말아줍니다.
tip. 생연어를 쓴다면 사방 2~3cm 길이로 깍둑썹니다.

작은 볼에 땅콩소스 재료를 넣고 잘
섞습니다.

잎채소에 오이와 땅콩소스, 연어, 양파,
무순, 날치알을 순서대로 먹기 좋게
담습니다.

오징어뭇국을 파는 집은 잘 보이질 않더라구요.,
그날그날 반찬이 달라지는 백반집에서나
가끔가다 한 번씩 보이는 정도랄까요?
고춧가루 달달 볶아 뻐얼건 고추기름을 내다가

꼭 짬뽕탕마냥 얼큰칼칼한 국물 한 모금 하구
갓 지진 표고버섯전을 뜨끈할 때 한 입..
오징어도 표고도 쫄깃쫄깃 씹는 맛이 참 좋아요.,

오징어뭇국

재료

- ◎ 오징어 1마리
- ◎ 무 2cm 한 토막
- ◎ 대파 1대
- ◎ 청양고추 2개
- ◎ 다진 마늘 1/2큰술
- ◎ 물 1,200ml
- ◎ 카놀라유 4큰술
- ◎ 멸치액젓 1큰술
- ◎ 국간장 1큰술
- ◎ 고춧가루 3큰술
- ◎ 맛소금 1작은술
- ◎ 굵은소금 약간
- ◎ 후추 약간

오징어는 굵은소금으로 빨판을 문질러
닦고 몸통에 손을 넣어 내장과 다리를
떼어냅니다.

내장은 잘라내서 버리고 몸통과 다리는
먹기 좋게 썹니다.

청양고추는 어슷하게 썰고 무는 나박썰기
하고, 대파 흰 부분은 어슷하게 썬 뒤 푸른
부분은 4cm 길이로 길게 썹니다.

냄비에 카놀라유를 두르고 손질한 대파와
고춧가루를 넣고 고추기름이 발갛게 배어
나오도록 약한 불에서 볶습니다.

나박나박 썬 무를 넣고
잘 섞으며 볶다가 무
가장자리가 반투명하게
익으면 물을 붓고 센불에서
팔팔 끓입니다.

물이 끓어오르면 액젓과
국간장, 맛소금, 다진
마늘, 청양고추를 넣고
무가 완전히 익을 때까지
센불에서 10~15분간
끓입니다.

무가 충분히 익으면 손질한
오징어와 후추를 넣고 중간
불에서 5분간 더 끓입니다.
맛소금으로 간을 맞춥니다.

표고버섯전

재 / 료

- ◎ 표고버섯 10개
- ◎ 달걀 2개
- ◎ 카놀라유 적당량
- ◎ 간장 약간
- ◎ 부침 가루 1/4컵 (45g)
- ◎ 소금 2꼬집

서/브/메/뉴

두부김치

곁/들/임/술

감자술 13도 / 300ml / 4천 원대 / 보틀숍

많은 설명 필요 없이 감자 그 자체의 맛이 나는 술입니다. 감자칩을 마시고 있나 싶을 만큼 고소한 찐 감자 향이 고스란히 느껴져서 웃음이 날 정도이지요. 달큰한 맛이 있는 데다 워낙에 개성이 강한 술이니까 한두 잔씩 식전주로 드셔요.

팁!

오징어뭇국의 기본 국물 맛은 달달 볶아 만든 고추기름과 무가 책임지고 있어요 .. 고추기름이 타지 않게만 조심하면은 이미 절반은 성공입니다., 버섯은 물 닿으면 향이 날아가버리니까는 어지간하면 톡톡 두드려 흙먼지만 살짝 털어내주셔요., 향긋한 표고버섯에는 따로 양념간장이 필요 없지요..

① 표고버섯 기둥은 손으로 비틀어 뗀 뒤
버섯 뚜껑을 손으로 가볍게 두드려 먼지만
털어냅니다.

② 오목한 그릇에 달걀을 깨트려 넣고 소금을
넣은 뒤 젓가락으로 잘 풀어 달걀물을
만듭니다.

③ 비닐봉지에 표고버섯과 부침가루를 넣고
봉투 끝을 꼭 쥔 채 흔들어 부침가루를
골고루 묻힙니다.

④ 부침가루를 묻힌 표고버섯은 가루를 살짝
털어내고 달걀물에 고루 적십니다.

⑤ 달군 팬에 카놀라유를 넉넉히 붓고
표고버섯의 오목한 안쪽 부분이 위로
오도록 올립니다.

⑥ 색이 진하게 나지 않도록 중약불에서
앞뒤로 2분간 노릇노릇하게 굽습니다.

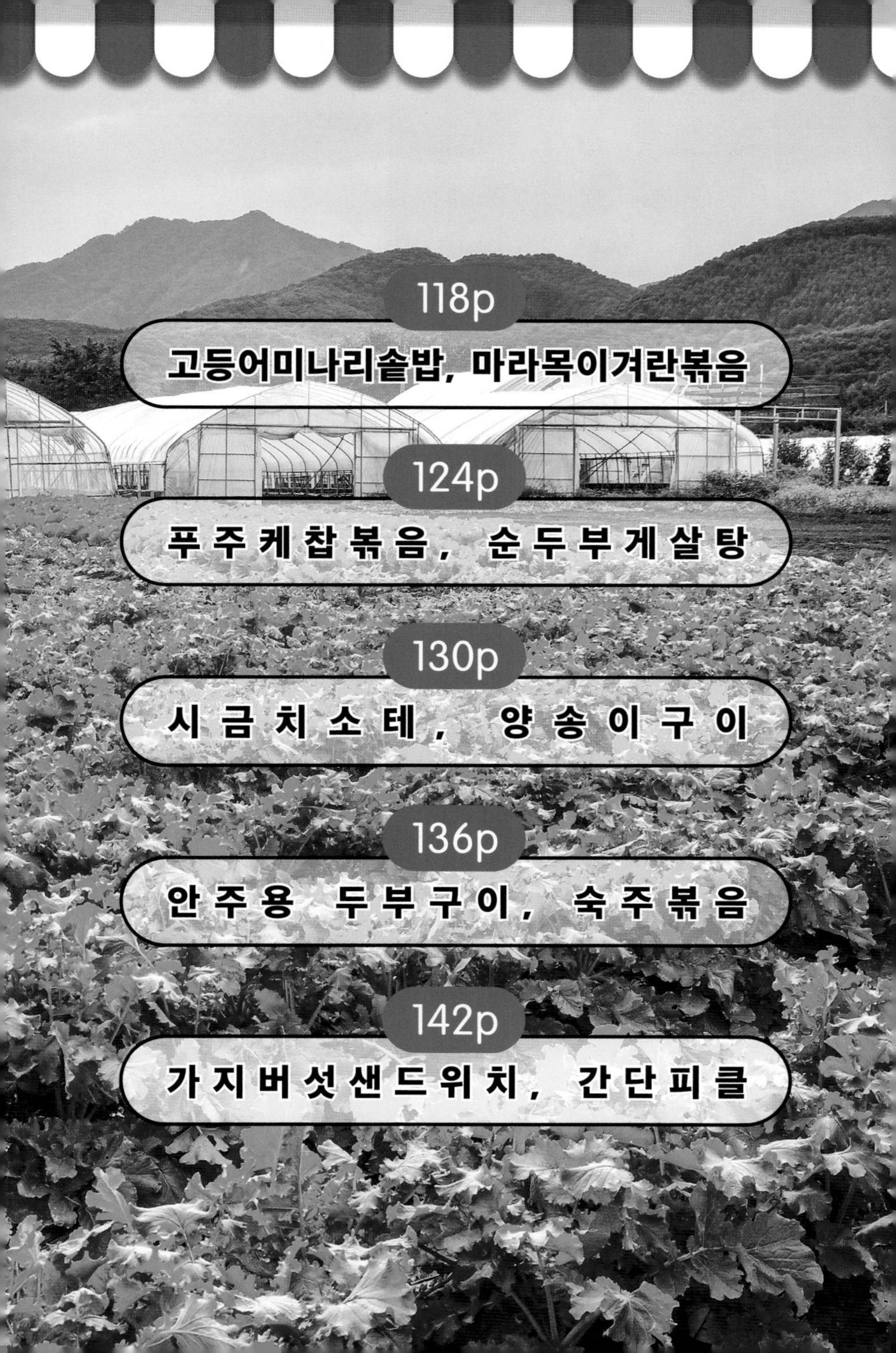

가을 하면은 떠오르는 냄새가 있지요.,
쌀쌀해진 가을 아침의 맑은 공기와 낙엽 냄새, 산의 흙내음,.
그리고 꽁치 고등어 생선 굽는 냄새에 군침이 꼴딱..
바야흐로 천고마비의 계절입니다.,

고등어미나리솥밥, 마라목이겨란볶음

기름 잘잘 오른 고등어를 구워다가 몸에 좋은 미나리 한 됫박을
더하면은 향이 또 기가 막혀요..
갓 지은 밥을 뒤집을 때 느껴지는 촉촉함이 못 견디게 기분 좋거든요..
밥그릇을 큼직한 놈으로 준비해서 많이많이 드셔요.,.

고등어미나리솥밥

재료

- ◎ 손질된 고등어* 1토막
- ◎ 쌀 1컵 (180g)
- ◎ 우엉 15cm 1토막
- ◎ 미나리 1줌
- ◎ 물 1컵 (180ml)

- ◎ 간장 2큰술
- ◎ 청주 1큰술

*꽁치를 쓴다면 밥에 올리기 전
굵은 뼈는 제거해주세요!

① 쌀은 두세 번 헹구어 씻고 체에 밭쳐 30분
정도 불립니다.

② 냄비 또는 솥에 불린 쌀과 물을 1:1 비율로
넣고 청주와 간장을 더합니다.

③

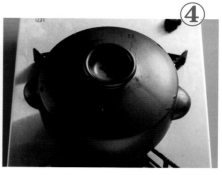

④

우엉은 껍질을 벗기고 연필 깎듯이 칼로 얇게 저미듯 깎아 쌀 윗부분을 전부 덮도록 넣습니다.

뚜껑을 덮고 센 불에 올려 끓기 시작하면 중간 불로 줄입니다.

⑤

⑥

⑦

미나리는 흐르는 물에 꼼꼼히 씻고 잘게 송송 다집니다.

달군 팬에 기름을 살짝 두르고 고등어 껍질이 아랫면에 닿게 올린 뒤 앞뒤로 바싹하게 굽습니다.

보글보글 올라오던 밥물이 자작하게 잦아들면 가장 약한 불로 줄입니다.

⑧

⑨

⑩

냄비 또는 솥 바닥에서 따닥따닥 소리가 나면 불을 끄고 미나리를 가득 얹습니다.

구운 고등어를 얹고 다시 뚜껑을 덮어 10~15분간 뜸을 들입니다.

뚜껑을 열고 주걱으로 고등어 살을 부숴가며 잘 섞어 먹습니다.

마라목이겨란볶음

재료

- ◎ 건조 목이버섯 10g
- ◎ 달걀 3개
- ◎ 라조장 1/2큰술
- ◎ 카놀라유 1큰술
- ◎ 우유 50ml
- ◎ 소금 3꼬집

서/브/메/뉴

맑은 장국, 파래무침, 김

곁/들/임/술

추성고을 죽력고 25도 / 350ml / 13,000원 / 술마켓
대나무와 계피, 생강의 향이 아주 독특한 술입니다. 곡물 증류주
특유의 냄새를 달큰한 곶감 향이 눌러줘서 거부감 없이 고소하게만
쑤욱 지나가지요. 해마다 12간지 동물 따라 바뀌는 한정판 라벨을
보는 재미도 쏠쏠합니다.

팁!

이름은 솥밥이지만 이 없으면 잇몸으로, 솥 없으면 냄비로..
전기밥솥에다 지어두 맛만 좋지요.. 우엉 껍질을 벗길 때는 간단히
감자칼을 사용해도 좋은데 쿠킹 호일을 박박 구겼다가 편 것으로
감싸 문지르면은 신기하게 술술 벗겨집니다., 별다른 반찬 없이
먹는 날에는 입맛 따라 양념간장을 끼얹어다 드셔요 ..

① 목이버섯은 미리 1시간 정도 미지근한
물에 담가 불립니다.

② 불린 목이버섯은 단단한 나무 조각이나
먼지가 남아 있지 않도록 꼼꼼히 씻고
손으로 먹기 좋게 뜯습니다.

③ 볼에 달걀을 깨트려 풀고
우유와 소금을 넣어 잘
섞습니다.

④ 팬에 카놀라유를 두르고
중약불로 달군 뒤 달걀물을
붓습니다.

⑤ 가장자리가 익기 시작하면
팬 가운데로 모아가며
몽글몽글하게 익힙니다.

⑥ 달걀이 70% 정도 익었을
때 불을 끄고 접시에
덜어둡니다.

⑦ 같은 팬에 목이버섯과
라조장을 넣고 중간 불에서
3분간 달달 볶습니다.

⑧ 목이버섯에 윤기가 돌면
덜어둔 달걀볶음을
넣고 가볍게 잘 섞어
마무리합니다.

일주일 중 하루 정도는
고기 없는 밥상을 차려보는 것도 좋겠지요..
하룻밤 푸욱 불려둔 푸주를 데쳐다가
케첩에 매운 고추, 마늘로 휘리릭 볶아주면은

푸주케찹볶음, 순두부게살탕

매큼달큼 쫄깃한 게 아주 괜찮거든요 ..
따끈한 순두부에 보들보들 겨란 풀어넣구
걸주욱한 국물의 게살순두부탕을 또 한 냄비 곁들여볼까요..
생강 요만치에 어엿한 중식집 맛이 납니다.,

푸주케찹볶음

재료

- ◎ 푸주 80g
- ◎ 방울토마토 10개
- ◎ 다진 대파 2큰술
- ◎ 다진 마늘 1큰술
- ◎ 카놀라유 적당량
- ◎ 고추기름 1큰술
- ◎ 케첩 5큰술
- ◎ 간장 1큰술
- ◎ 고춧가루 1/2큰술
- ◎ 소금 약간
- ◎ 후추 약간

① 푸주는 미지근한 물에 담가 하룻밤 불립니다.

② 끓는 물에 푸주를 넣어 1분간 부드럽게 데치고 체에 밭쳐 물기를 뺀 뒤 5cm 길이로 자릅니다.

③ 방울토마토는 절반으로 자릅니다.

④ 팬에 카놀라유를 두르고 푸주를 넣은 뒤 소금과 후추로 살짝 간해 볶습니다.

⑤ 방울토마토와 다진 대파, 다진 마늘, 케첩, 간장, 고춧가루를 넣고 방울토마토가 물러지도록 5분간 잘 섞으며 볶습니다.

⑥ 고추기름을 두르고 짧게 휘리릭 볶아 마무리합니다.

순두부게살탕

서/브/메/뉴

볶은 땅콩, 구운 마늘

재 료

- ◎ 순두부 1봉
- ◎ 게맛살 100g
- ◎ 팽이버섯 1/4봉
- ◎ 생강 1cm 1토막
- ◎ 다진 대파 2큰술
- ◎ 달걀 2개
- ◎ 치킨스톡 1+1/2큰술
- ◎ 물 800ml
- ◎ 찬물 2큰술
- ◎ 전분 2큰술
- ◎ 맛소금 약간
- ◎ 후추 약간

곁/들/임/술

장솔 38도 / 500m / 1만 원대 / 보틀숍

산뜻하고 부드러운 맛이 좋은 중국의 백주입니다. 유명한 연태고량처럼 향기로운 파인애플 향이 물씬 풍기는데 한결 가벼운 느낌이라 참 좋더라구요. 그대로 마셔도 좋고, 도수가 부담스럽다면 얼음잔에 탄산수를 타다가 하이볼로 마셔도 맛나지요.

팁!

순두부게살탕에는 입맛 따라 고소한 참기름이나 새큼한 식초를 약간 더해보세요.. 약불인 상태에서는 겨란이 멀겋게 퍼지거나 단단해지구 그래요., 국물이 팔팔 끓고 있을 때 겨란물을 휘익 단숨에 부어야 몽실몽실하게 익습니다..

팽이버섯은 반으로 자르고 게맛살은 손으로 잘게 찢습니다.

생강은 납작하게 편 썰고 다시 잘게 채 썹니다.

작은 그릇에 달걀을 깨트려 젓가락으로 잘 풀어주고, 또 다른 작은 그릇에 분량의 찬물과 전분가루를 잘 섞습니다.

냄비에 분량의 물을 넣고 센 불에서 끓어오르면 치킨스톡을 풀고 순두부를 넣은 뒤 숟가락으로 3~4등분합니다.

한 번 더 끓어오르면 손질한 게맛살, 채 썬 생강을 넣고 중간 불에서 5분간 끓입니다.

약한 불로 줄인 뒤 손질한 팽이버섯을 넣고 전분물을 절반 정도 넣습니다.

tip. 원하는 농도가 될 때까지 전분물을 한 숟가락씩 추가합니다.

다시 한번 센 불에서 파르륵 끓이다 달걀물을 가운데부터 빙글빙글 원을 그려가며 붓습니다.

맛소금으로 간한 뒤 후추와 다진 대파를 뿌려 먹습니다.

오늘은 달고 맛난 시금치를 주인공으로 삼아볼까요?
버터간장 양념에 지지 않는 시금치의 달큰한 맛에다
주르륵 흐르는 반숙 노른자의 부드러움이 더해져서는.,

시금치소테, 양송이구이

초록색에 흰색, 노란색이 아주 예쁜 브런치가 되거든요..
치즈 얹어다 구운 양송이버섯을 더하면
영양도 맛도 한 끼 식사로 손색이 없지요.,

시금치소테

재료

- ◎ 시금치 150g
- ◎ 달걀 1개
- ◎ 버터 10g
- ◎ 물 150ml
- ◎ 간장 1/2큰술
- ◎ 식초 1작은술
- ◎ 파르메산 치즈가루 약간
- ◎ 통후추 약간

① 시금치는 뿌리 쪽 줄기 사이사이에 흙이 남지 않도록 흐르는 물에 꼼꼼히 씻은 뒤 뿌리는 잘라내고 크기에 따라 2등분, 4등분합니다.

② 오목한 그릇에 분량의 물과 식초를 담고 달걀노른자가 풀어지지 않도록 달걀을 조심스럽게 깨트려 넣습니다.

③ 전자레인지에 30초-20초-10초씩 끊어 돌리는 것을 반복해 총 1분간 돌려 달걀노른자가 반숙 상태인 수란을 만듭니다.

④ 팬에 버터를 올리고 약한 불에서 녹인 뒤 시금치를 넣고 중강불로 올려 빠르게 섞으며 볶습니다.

⑤ 1분 정도 지나 시금치 숨이 죽으면 팬 가장자리를 따라 간장을 넣고 10초간 짧게 볶은 후 접시에 옮겨 담습니다.

⑥ 시금치 가운데에 수란을 올리고 파르메산 치즈가루와 통후추를 뿌려 마무리합니다.

양송이구이

재 료

◎ 양송이버섯 6개
◎ 콜비잭 치즈 20g
◎ 통후추 약간

팁!

시금치는 꼭 달구 맛난 뿌리 부근에 흙을 꽁꽁 숨기고 있어요., 아예
물에 담가 흔들어 씻는 것두 방법이지요 .. 숨이 팍 죽어 곤죽이 되지
않도록 볶을 때는 빠르게 휘리릭 달달 볶아서 얼른 끝내주세요..
이번에는 고기 없는 밥상이라 빼두었지만 생햄을 몇 조각 찢어 올리면
감칠맛이 배로 늘어나지요.,
양송이구이의 치즈는 짭쪼름하구 풍미 좋은 콜비잭 치즈를 사용했지만
짠맛이 나고 잘 녹는 치즈라면 뭐든 괜찮아요., 트러플오일이 있다면
마무리로 서너 방울만 또로록., 아주 멋스러운 음식이 됩니다..

① 양송이버섯 기둥은 손으로 비틀어 뗀 뒤
기둥 끝의 지저분한 부분은 잘라냅니다.

② 치즈는 버섯 안에 들어가도록 사방 1cm
길이로 작게 자릅니다.

③ 마른 팬에 손질한 양송이버섯을 올리고
기름 없이 앞뒤로 1분씩 굽습니다.

④ 양송이버섯의 오목한 안쪽 부분에
치즈를 1조각씩 넣고 뚜껑을 덮어 치즈가
녹을 때까지 3분간 약한 불로 굽습니다.
통후추를 갈아 뿌려 마무리합니다.

서/브/메/뉴

채소 마리네이드

곁/들/임/술

서설 13도 / 375ml / 14,000원 / 보틀숍, 온라인
눈밭에 찍힌 발자국처럼 별도의 인쇄 없이 꾹꾹 눌러 찍어 만든
라벨이 참 예쁜 청주입니다. 생김새뿐만 아니라 맛도 그에 못지않게
깨끗하고 예쁘지요. 은은한 단맛과 청량한 향이 일품이라 빈속에
식전주로 한잔 주욱 들이켜면은 없던 입맛도 되살려줍니다.

가슬가슬 지진 두부구이에는 땡초양파간장에 막걸리가 단짝처럼 떠오르지
요 안주용 두부구이에는 어디보오자.,
톡 쏘는 탄산에 산뜻한 하이볼이 맛나겠어요..
진한 쏘스에 마요네즈를 듬뿍 해다가

안주용 두부구이, 숙주볶음

하늘하늘 춤추는 가쓰오부시를 한 줌 턱 올리면 군침이 주르륵..
에어프라이어로 구운 두부는 겉은 바삭한 듯 쫄깃하구 속은 촉촉한 게
아주 맛이 좋아요.,
밥반찬보다는 야참이나 안주가 필요할 때 더 생각나는 맛입니다.,

안주용 두부구이

재료

- ◎ 두부 1/2모
- ◎ 다진 대파 1/2큰술
- ◎ 가쓰오부시 1줌
- ◎ 마요네즈 1큰술
- ◎ 돈가스소스 1큰술
- ◎ 올리브유 1큰술
- ◎ 간장 1/2작은술
- ◎ 허브가루(이탈리안 시즈닝 등)1/2작은술
- ◎ 소금 1/2작은술

두부는 잠시 두어 자연스럽게 여분의
물기가 빠지게 하거나 키친타월로 감싸
물기를 제거합니다.

두부 윗면에 격자무늬로 깊게 칼집을
넣습니다.

칼집 낸 두부 사이사이에 소금과 허브가루,
간장을 뿌려 밑간합니다.

종이 호일에 밑간한 두부를 올리고
전체적으로 올리브유를 끼얹습니다.

에어프라이어에 넣고 200도에서
20~25분간 굽습니다.

두부 겉면이 노릇노릇 바삭하게 익으면
돈가스소스와 마요네즈를 뿌리고
가쓰오부시와 다진 대파를 얹습니다.

숙주볶음

재 료

- ◎ 숙주 150g
- ◎ 말린 베트남고추 1개
- ◎ 카놀라유 1큰술
- ◎ 간장 1/2큰술
- ◎ 식초 1작은술

서/브/메/뉴

조개탕, 꼬들한 단무지

두부는 물기를 어느 정도 빼두어야 노릇한 색이 예쁘게 나옵니다., 밑간도 중요하지요., 소금간이 골고루 배어들도록 격자 칼집 사이사이에 잘 뿌려주셔요..
숙주는 빠르게 와르륵 볶아야 물이 덜 나오구요., 뜨거운 팬에 간장 식초가 짜르르르 소릴 내면서 확 끓어오를 때 냄새가 끝내줍니다..

① 팬에 카놀라유를 두르고 센 불에 달굽니다.

② 연기가 날 정도로 달궈지면 숙주와 잘게 부순 베트남고추를 넣습니다.

③ 젓가락으로 잘 섞어가며 30초간 센불에서 단숨에 볶습니다.

④ 팬 가장자리를 따라 간장과 식초를 지글지글 태우듯이 넣고 팬을 흔들어가며 30초간 볶아 숙주의 숨이 완전히 죽기 전에 마무리합니다.

곁/들/임/술

강소백(복숭아, 청포도) 23도, 15도 / 168ml / 5천 원대 / 대형마트, 보틀숍

상큼 달달 과일 맛이 나는 중국의 리큐르 시리즈입니다. 복숭아 맛은 23도, 청포도 맛은 15도로 둘 다 아주 귀여운 사이즈의 병으로 팔고 있지요. 얼음을 꽉 채운 잔에다 강소백 리큐르와 탄산수를 1:3 비율로다 말아주면 아주 좋아요. 과일 맛만 나는 게 아니라 중국술 특유의 화한 맛까지 있으니까는 소스 맛 진한 음식에 특히나 잘 어울립니다.

나들이 가기 딱 좋은 날씨니까는 샌드위치 하나 싸 들고 나가볼까요.,
콤콤한 발사믹 식초로 볶은 버섯에다 기름 먹어 꼬들촉촉한 가지구이..
맛이 부드러운 치즈가 들어가서는 향이 참 좋은 샌드위치입니다.,

가지버섯샌드위치, 간단피클

치즈 들어간 샌드위치는 치즈 주욱 늘어나도록
뜨끈할 때 먹는 게 가장 맛이 좋아요..
아사삭 사각 새큼산뜻한 피클과 궁합이 딱입니다..

가지버섯샌드위치

재료

- ⊙ 치아바타 1개
- ⊙ 가지 1/2개
- ⊙ 느타리버섯 1/2송이
- ⊙ 양송이버섯 2개
- ⊙ 양파 1/4개
- ⊙ 몬트레이잭 치즈* 2장
- ⊙ 홀그레인 머스터드 1큰술

- ⊙ 마요네즈 2큰술
- ⊙ 꿀 1/2큰술
- ⊙ 올리브유 2큰술
- ⊙ 발사믹 식초 1/2큰술
- ⊙ 소금 약간
- ⊙ 통후추 약간

*잘 녹는 치즈로 대체 가능

① 치아바타는 세로로 반 갈라 에어프라이어에 넣어 5분간 굽거나, 팬에 기름 없이 앞뒤로 노릇하게 굽습니다.

② 가지는 어슷하게 썰고 양파는 반달 모양으로 썹니다.

③ 양송이버섯은 3mm 두께로 썰고 느타리버섯은 먹기 좋게 손으로 찢습니다.

④ 팬에 올리브유 1큰술을 두르고 가지와 소금 1꼬집, 통후추를 뿌려 중약불에서 앞뒤로 잘 굽고 따로 둡니다.

⑤ 같은 팬에 다시 올리브유 1큰술을 두르고 손질한 느타리버섯과 양송이버섯, 양파, 발사믹 식초를 넣고 물기 없이 볶습니다.

⑥ 작은 그릇에 홀그레인 머스터드와 마요네즈, 꿀을 넣고 잘 섞은 뒤 치아바타 안쪽 단면에 얇게 펴 바릅니다.

⑦ 안쪽 단면 위로 몬트레이잭 치즈와 볶은 가지, 양파, 볶은 버섯을 순서대로 쌓아 올리고 다른 쪽 치아바타를 위에 덮습니다.

⑧ 기름 없는 팬에 올려 뒤집개로 꾹 눌러가며 치즈가 녹을 때까지 양면을 뒤집어가며 굽습니다.

간단 피클

재료

- ◎ 양배추 1/4개
- ◎ 오이 1개
- ◎ 당근 1/2개
- ◎ 청양고추 2개
- ◎ 월계수 잎 2장
- ◎ 피클링 스파이스 1큰술
- ◎ 식초 200ml
- ◎ 물 450ml
- ◎ 설탕 100ml

서/브/메/뉴

채소샐러드

곁/들/임/술

리프라우밀히 라인헤센 9.5도 / 750ml / 3만 원대 / 대형마트, 보틀숍
달달한 와인이 이렇게까지 청량할 수가 있나? 단 술을 좋아하지
않는 입맛에도 이건 틀림없이 괜찮을 것이라는 확신이 섭니다.
맑고 밝은 황금색의 독일 화이트 와인입니다. 적당한 산미와 단맛,
탁 트이는 깔끔한 뒷맛이 두고두고 생각날 만큼 맘에 들어요.

팁!

물과 식초, 설탕은 2:1:1 정도의 비율이 정석이라지만 설탕량을
약간 줄이는 게 제 입에는 맞더라구요., 입맛 따라 가감해 가면서
입에 맞는 비율을 찾아보세요..
꼭 레시피에 있는 채소뿐만 아니라 콜리플라워나 무도 좋고,.
빨간 무인 비트를 넣으면 보랏빛이 돌아서 예쁘지요..

① 내열 유리병은 냄비에 병이 절반 정도 잠길 만큼 물을 담고 병을 엎어서 5분간 끓여 소독한 뒤 뒤집어 완전히 물기를 말립니다.

② 오이는 1.5cm 길이의 원형으로, 당근은 3cm 길이로 깍둑 썰고 청양고추는 2cm 길이로 어슷하게 썹니다.

③ 양배추는 한입 크기로 썹니다.

④ 소독한 병에 손질한 채소들을 넣어 꽉 채웁니다.

⑤ 냄비에 분량의 물과 설탕, 월계수 잎, 피클링 스파이스를 넣고 중간 불에서 끓입니다.

⑥ 팔팔 끓어오르면 식초를 넣고 다시 끓어오르려 할 때 불을 끈 뒤 채소가 들어 있는 병에 붓습니다. 뚜껑을 닫고 한 김 식힌 뒤 냉장고에 하룻밤 두었다가 먹습니다.

감자사라다

여름에는 팍신팍신 햇감자가 맛이 좋지요.,
날 더우니 전자레인지에 6~8분이면 감자 삶기 땡.,
뜨거울 때 호오 불어가며 껍질 벗긴 감자 으깨 놓구
오이 송송 썰어 소금에 주물러다가 아작아작 식감도 더해봅니다.,
누가 뭐래두 감자사라다에 마요네즈는 눈 질끈 감고 듬뿍 짜 넣구요..
포크로 슬렁슬렁 섞어주면은 씹는 맛 좋은 감자사라다지요..
양푼이 그득 만들어다가 그대로 퍼먹어도 한 사발이 뚝딱.,
빵에 끼워 샌드위치로 만들어먹어도 그만입니다..

- ◎ 비엔나소시지 8개
- ◎ 감자 3~4개
- ◎ 달걀 3개
- ◎ 양파 1/2개
- ◎ 오이 1/2개
- ◎ 당근 1/4개
- ◎ 마요네즈 6~8큰술
- ◎ 머스터드 1/2큰술
- ◎ 소금 1작은술
- ◎ 설탕 1작은술
- ◎ 통후추 약간

팁!

비엔나소시지 대신 매콤짭짤한 살라미가 들어가면 어른스러운
맛의 술안주가 되지요., 소금에 절인 오이랑 양파는 짠기를 씻어내지
않구 그대로 으깬 감자에 섞는 게 따로 넣는 소금보다 간이 잘
어우러지더라구요., 반숙 겨란은 몇 개 더 넉넉히 삶아두었다가
그릇에 담아낼 때 반 뚝 갈라 방울도마도와 곁들이면 아주
그럴싸해집니다..

① 냄비에 달걀을 넣고 잠길 만큼 물을 부은
뒤 센 불에 올려 끓기 시작한 지 5분 지나면
불을 꺼 반숙 달걀을 만듭니다. 껍질을 까서
반 자릅니다.

② 감자는 깨끗하게 씻어 껍질째 랩으로
감싼 뒤 전자레인지에 6~8분간 돌립니다.

③ 감자를 젓가락으로 찔렀을 때 속까지
부드럽게 들어가면 껍질을 벗기고 뜨거울
때 큰 볼에 담아 마요네즈와 머스터드,
소금 1/2작은술, 설탕을 넣고 포크로 잘
섞어 으깹니다.

④ 당근은 잘게 다지고 양파는 얇게
슬라이스하고, 오이는 동그란 모양을 살려
얇게 썹니다.

⑤ 작은 볼에 썰어 둔 양파와 오이, 소금
1/2작은술을 넣고 손으로 잘 섞어 주물러
10분간 절인 뒤 양손으로 힘주어 짜서
물기를 뺍니다

⑥ 비엔나소시지는 끓는 물에 30초간 데친
뒤 얇게 썹니다.

으깬 감자에 절인 양파와 오이, 당근,
비엔나소시지를 넣고 잘 섞습니다.

부족한 간은 소금과 마요네즈로 맞추고
통후추를 갈아 넣습니다.

반숙 달걀을 통째로 넣고 포크로 큼직하게
부숴가며 대강 섞습니다.

곁/들/임/술

레몬왕창 하이볼

자칫 입안이 텁텁해지기 쉬운 감자사라다에는 뭐니 뭐니
해도 시원하게 탁 쏘는 하이볼이 찰떡궁합이지요. 먹다 남은
소주나 애매하게 1/3잔 남은 위스키, 도통 무슨 맛인지 몰라
구석에 넣어둔 독한 술 등등 .. 얼음잔에 적당히 털어 넣구
탄산수를 조심스레 쪼로록, 여기에 레몬즙을 과하다 싶을
정도로 꼴꼴 부어 레몬 한 조각 퐁당 더하면 보기에도 시원한
게 한여름 무더위가 싹 날아가지요.

밤조림

비 오는 날에는 좋아하는 노래나 영화를 하나 틀어놓구
느긋하게 둘러앉아 차근차근 밤조림을 해봅니다,.
하룻밤하고도 꼬박 반나절 가까이 걸리니까
걱정도 불안도 내려놓고 마음을 편하게 먹어야지요.,
조심조심 껍질을 까구 여러 번 보글보글 삶아주면은
겨우내 먹을 달착지근 간식이 땡.,
늘 깎아버리던 거칠거칠 밤 속껍질이
이렇게 쫀득하구 감칠맛이 날 수가 있구나.. 참 새롭고 그래요,.
정성이 많이 들어간 만큼 보기에도 예쁘고 맛도 좋은 요 밤조림은
사실 위스키에도 궁합이 기가 막힙니다..

◎ 밤 1.5kg
  (껍질 벗기고 삶은 뒤 약 1kg)
◎ 양주 1/2컵(90ml)

◎ 간장 1/2큰술
◎ 설탕 400g
◎ 베이킹소다 2큰술

팁!

이렇게 껍질 벗긴 밤 무게의 40% 되는 설탕을 넣으면은 보관기간이
아주 길지는 않구 한 달에서 한 달 보름쯤 되더라구요., 더 길게
보관할 경우에는 설탕량을 늘리거나 작은 병에 소분해서 완전히
밀봉하다가 보관해주세요.. 속껍질 벗겨진 밤은 따로 챙겨두었다가
갈비찜에 넣거나 다른 요리에 쓰는 게 좋습니다., 맛에 큰 상관은
없다지만 조림 국물이 탁하고 걸죽해지거든요..밤조림은 곧바로
먹어도 맛나구 한 달 정도 숙성시켜 먹으면 더욱 깊은 맛이
나지요.,

① 밤은 뜨뜻미지근한 물에 2시간 동안 담가둡니다.

② 내열 유리병은 냄비에 병이 절반 정도 잠길 만큼 물을 담고 엎어서 5분간 끓여 소독한 뒤 뒤집어 완전히 물기를 말립니다.

③ 밤 꼭지 부분에 살짝 칼집을 넣고 속껍질이 상하지 않도록 겉껍질만 칼로 벗겨냅니다.

④ 냄비에 손질한 밤을 담고 잠길 만큼 물을 부은 뒤 베이킹소다를 넣고 잘 풀어 하룻밤 재웁니다.

⑤ 다음 날 그대로 중약불에 올려 30분간 끓입니다.

⑥ 익힌 밤은 체에 밭쳐 속껍질이 벗겨지지 않게 조심히 찬물에 헹구고, 냄비도 깨끗이 세척합니다. 다시 냄비에 밤을 담고 잠길 만큼 물을 부은 뒤 약한 불에서 30분간 끓이는 과정을 두 번 더 반복합니다.

⑦

냄비에서 밤을 꺼내어 꼭지에서부터 길게
이어진 심지를 손톱이나 뾰족한 칼끝으로
떼어내고, 자잘하게 붙은 껍질은 문질러
닦습니다.

⑧

다시 냄비에 손질한 밤과 잠길 만큼의
물을 붓고 설탕을 넣어 중약불에서 물이
절반으로 줄어들 때까지 끓입니다.

⑨

간장과 양주를 넣고 중약불에서 10분간 더
조립니다.

⑩

뜨거울 때 소독한 병에 담고 뚜껑을 꽉
닫습니다.

곁/들/임/술

롱반 진판델 13.9도 / 750ml / 1만 원대 / 보틀숍, 대형마트 등
진한 오크 향에 비해 은근히 가벼워서 쑥쑥 들어가는
와인입니다. 아주 은은한 단 향에 떫은맛이 있어서 순대 같은
내장류에도 잘 어울리겠어요. 달착지근하게 조린 밤 하나를
야금야금 먹으면은 한 잔이 가뿐히 벌컥,.

게무침

외갓집서는 양념게장을 게무침이라 불렀어요,.
큼지막하게 자른 꽃게에 살이 어찌나 꽉 차 있는지
한입 와앙 물면 입안 가득 탱글탱글한 게살에다 매운 양념이 살살살살..
매콤한 맛에 입술이 탱탱 부어도 끝까지 붙들고 쪽쪽 빨아먹게 되지요,.
비닐장갑 낀 손으로 밥그릇 위에 쭈욱 짜주는 게장살은 사랑이라나요,.
남은 양념을 또 닥닥 긁어다가 밥 한술에 삭삭 비벼 꼴딱,.
꽃게가 제철인 봄가을에 꼭 생각나는 음식입니다..

- ◎ 꽃게 1.5kg
- ◎ 양파 1개
- ◎ 대파 1대
- ◎ 청양고추 4개
- ◎ 꽃소금 1/2큰술

[양념]
- ◎ 다진 마늘 4큰술 듬뿍
- ◎ 다진 생강 3큰술
- ◎ 간장 4큰술
- ◎ 맛술 3큰술
- ◎ 고춧가루 1컵 (180g)

① 싱싱한 꽃게는 흐르는 찬물에 솔로
구석구석 박박 문질러가며 깨끗하게
씻습니다.

② 가위로 집게발을 잘라냅니다.

③ 배 부분의 작은 배딱지와 게딱지를 따고 큰
볼에 내장을 모두 긁어모아 담습니다.

④ 몸통에 붙은 아가미는 가위로 잘라 버리고
몸통은 4등분합니다.

팁!

물엿이나 설탕 없이 양파와 맛술만으로 단맛을 더하는
레시피입니다,. 얼얼하게 매운 만큼 맛이 아주 깔끔해서
시중에 파는 달착지근한 양념게장과는 다른 맛이지요,.
고춧가루와 다진 양파, 다진 생강을 꼭 듬뿍 넣어다
버무려야 제맛이 나구요.. 만들어서 반나절 뒤면 먹을
수 있으니까 외갓집서는 게장이 아닌 게무침이라 부른
듯합니다..

⑤

손질한 게는 큰 통에 담고 꽃소금을 골고루 뿌린 뒤 랩을 씌우고 냉장고에 넣어 1시간 동안 재웁니다.

⑥

양파는 굵게, 대파는 잘게 다지고 청양고추는 어슷하게 썹니다.

⑦

게 내장이 들어있는 볼에 다진 양파와 대파, 청양고추와 양념 재료를 모두 넣고 잘 섞습니다.

⑧

재워둔 게에 양념한 내장을 붓고 잘 버무려 냉장고에 넣은 뒤 반나절 뒤에 먹습니다.

곁/들/임/술

한산소곡주 16도 / 700ml / 1-2만 원대 / 대형마트, 보틀숍

매운 음식에는 달달한 술이 또 제격이지요. 아카시아 꿀처럼 향긋하고 끈덕한 단맛에 약재 향이 슬그머니 퍼지는 소곡주는 매콤한 한식에 아주 잘 맞아요. 마시기 쉽다고 죽죽 마시다 보면은 어느새 취하게 되는 앉은뱅이 술이라 조심해야 하지만 신기하게두 다음 날 숙취가 없더라구요.

가지절임

입맛 없구 늘어지는 때라도
보리차에 물 만 밥에다가 맛난 장아찌 한 종지 있으면
두 그릇이 꿀떡 넘어가는 법입니다.,
오돌꼬돌 새큼짭짤 가지절임은 카레에도 참 잘 어울리는 맛이지요..
꼬도독한 식감이라 가지의 흐물거리는 느낌을 싫어하는 사람도
맛나게 먹을 수 있을 거예요.,
불앞에서 하염없이 데굴데굴..
가지를 굽는다구 서 있으면 땀이 줄줄 나지만
오히려 이렇게 땀 한번 흘려줘야 기분까지 보송하니
개운해지는 날도 있습니다.,

- ◎ 가지 6개
- ◎ 생강 5cm 1알
- ◎ 말린 홍고추 3개
- ◎ 굵은소금 3큰술
- ◎ 가쓰오다시 4컵
  (720ml)

[절임액]
*가쓰오다시 1컵당 비율
- ◎ 쯔유 3큰술
- ◎ 맛술 3큰술
- ◎ 식초 2큰술
- ◎ 설탕 1큰술

[가쓰오다시]
- ◎ 물 1L
- ◎ 다시마 8x8cm 2장
- ◎ 가쓰오부시 1줌

가지는 길게 반 자른 뒤 껍질 쪽에
사선으로 0.5~0.7cm 간격의 칼집을
촘촘하게 냅니다.

통에 칼집 낸 가지를 담고 굵은 소금을 뿌려
10분간 절입니다.

말린 홍고추는 3cm 길이로 어숫하게 썰고,
생강은 얇게 편 썹니다.

절인 가지는 물에 한 번 헹궈서 양손으로
물기를 꼭 짠 뒤 물기가 바짝 날아가도록
에어프라이어에서 160도로 6분, 한번
뒤집어서 7분간 더 굽습니다.
tip. 석쇠에서 앞뒤로 잘 뒤집어가며 약불로
은근히 구워도 좋아요.

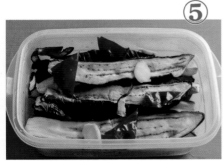

잘 씻어 말린 통에 구운 가지와 생강,
홍고추를 켜켜이 담고 절임액 재료를 한번
파르륵 끓여 뜨거울 때 붓습니다.

한 김 식힌 뒤 뚜껑을 닫아 냉장고에
넣어두고 1~2일 뒤부터 한입 크기로 썰어
먹습니다.

① 냄비에 분량의 물과
다시마를 넣고 끓입니다.

② 물이 파르르 끓어오르기
직전에 불을 끄고
다시마를 건져냅니다.

③ 가쓰오부시를 넣고
10분간 우려낸 뒤 체에
거릅니다.

곁/들/임/술

주교주 16도 / 500ml / 18,000원~2만 대 원 초반 / 보틀숍
배다리막걸리로 익숙한 배다리도가의 약주입니다.
달착지근하면서 눅진한 향으로 시작해서 길게 남는
쌉싸름함이 처음에는 낯설 수 있지만은 한 잔 두 잔
기울일수록 마음도 기울게 되는 술이지요. 함께 딸려오는
월계수 잎을 술잔에 동동 띄워다가 냉수 한 잔 얻어 마시는
나그네의 기분으로 찬찬히 홀짝이기도 하구, 술병에 풍당
빠트려 향을 더해가며 마시기도 합니다.

가지를 절일 때 소금양에 따라 식감이 달라지기도 합니다..
팍팍 뿌리면 꼬들하게 씹히구, 적당히 뿌리면 말캉 쫄깃하지요.,
구울 때는 겉면이 그슬리거나 타지 않게 물기를 말려버린다는
느낌으로 찬찬히 구워주세요.. 가지 6개면 가쓰오다시 국물은
4컵 정도가 충분하더라구요...

매실주

여름 소나기가 지나가고 나니까는
볕이 참 좋길래 매실주를 담갔지요..
청매실 알알이 씻어다가 꼭다리를 톡 톡 톡..
요놈은 소주를 꼴꼴꼴 저놈은 럼을 꼴꼴꼴.,
30도 언저리 넘어가는 술이라면 뭐든 꼴꼴꼴.,
달달한 놈은 시원한 탄산수에 꿀꺽꿀꺽 말아 먹고
독한 놈은 젓갈을 안주 삼아 홀짝이기 딱 좋거든요.,
찬장 그득하니 마음이 부자네요 ..
내년 이맘때 되면은 좋은 친구 불러다가 맛을 봐야겠습니다..

◎ 매실 1.1kg
◎ 강주(50도) 1.3L
◎ 식초 2큰술
◎ 설탕 200g

① 매실은 벌레 먹거나 누렇게 색이 변한 것, 흠 생긴 것을 골라냅니다.

② 큰 대야나 싱크대에 매실이 잠길 만큼 물을 채우고 식초를 부어 10분간 담가둡니다.

③ 매실을 흐르는 물에 꼼꼼히 헹군 뒤 넓은 채반에 펼쳐 놓고 환기가 잘 되는 그늘에서 완전히 물기를 말립니다.

tip. 꼭지가 달린 매실이라면 이쑤시개나 바늘로 콕 찍어 꼭지를 땁니다.

④ 병과 뚜껑은 절반 정도 잠길 만큼의 물에 끓여 열탕 소독을 하고 여의치 않으면 소주를 분무기로 뿌려 소독한 뒤 잘 말려둡니다.

⑤ 소독한 병에 말린 매실과 설탕을 켜켜이 담고 강주를 붓습니다.

⑥ 비닐로 입구를 덮은 뒤 뚜껑을 닫아 밀봉합니다.

⑦

1주 정도 볕이 들었다 사라졌다 하는 곳에
두었다가, 그 이후로는 응달에 보관합니다.
1년 후 개봉하여 매실을 걸러내고 먹습니다.

팁!

흠집 난 매실을 쓰면 나중에 술이 부옇게 탁해지기 쉬우니까는
두 눈 부릅뜨고 꼼꼼히 골라내주셔요., 골라낸 매실은 1:1 비율로
설탕에 재워다가 매실청을 만들면 되니까요.. 잠시 식초에
담가두면은 매실이 탱탱해진다구 해요.. 채반이 없을 땐 깨끗한
마른행주나 키친타월로 매실 하나하나 물기를 닦은 뒤에
널어두는 것도 방법이지요.. 탈탈탈., 선풍기를 앞에 두어도
좋겠어요.,

단팥조림

팥조림 한번 만들어두면은
단팥죽, 양갱, 팥잼, 앙버터, 팥빙수, 팥아이스크림, 팥라떼..
요리조리 아주 요긴하게 쓰입니다 ..
구수한 팥 삶는 냄새에 얼른 집어먹었다가는
이게 무슨 맛이라냐,. 실망할 수 있으니까
설탕 넉넉히 해서 조린 뒤에 맛을 봐야지요..
걸쭉하게 단단하게 달달하게 슴슴하게,.
입맛 따라 만들어두었다가 요리조리 맛나게 드셔요..

- ◎ 팥 250g
- ◎ 설탕 100g (입맛 따라 조절)
- ◎ 물 1.5L
- ◎ 소금 1작은술

팥은 벌레 먹은 것을 골라내고 깨끗이 씻습니다.

냄비에 팥을 담고 잠길 만큼의 물을 부은 뒤 중간 불에서 한소끔 끓어오르면 5분간 더 삶아 떫은맛을 뺍니다.

끓인 팥은 체에 밭쳐 찬물에 가볍게 헹굽니다.

다시 팥을 냄비에 넣고 분량의 물과 소금을 넣은 뒤 40분~1시간 동안 삶습니다.

삶은 팥을 엄지와 약지로 잡았을 때 부드럽게 으깨지면 설탕을 넣고 중약불에서 10~15분간 나무숟가락으로 잘 저어가며 끓입니다.

불을 끄고 한 김 식힌 뒤 열탕 소독한 병에 담습니다.

팁!

팥을 하룻밤 미리 불려둔다면 삶는 시간이 대폭 줄어드니
편하지요.. 물과 설탕을 넉넉히 넣구 으깨지지 않게 조심조심
졸여주면 빙수 위에 올려 먹기 딱 좋게 주르륵 흐르는
통팥조림이 되구요., 주걱으로 푹푹 으깨가며 졸여주면 빵에
발라먹기 좋은 앙금처럼 됩니다.. 냉장 보관은 일주일 정도
가니까 먹을 만치 남겨두고 나머지는 냉동 보관해주세요.,
설탕을 적게 넣을수록 보관 기간이 줄어듭니다 ..

요 앞 일식 술집에 아주 맛난 안주를 팔더라구요.,
새콤달콤짭쪼롬 쏘스에다 닭튀김을 휘리릭 버무려서는
고소한 타르타르쏘스 듬뿍 올려 땡,.
조금 수고스럽더라도 직접 만든 타르타르소스 맛은
시판 제품에 비할 수가 없지요..
느끼함 잡아줄 양배추 수북이 곁들여다가 시원한 걸 한 잔 짠짠짠 ..

치킨난반, 샐러드우동

금요일 밤에 딱 맞는 치킨난반입니다..
하는 김에 가게 기분 나는 음식 하나 더 곁들여볼까요?
냉장고엔 때마침 자투리 채소가 데굴데굴..
여기에 우동 한 봉다리만 있으면은
산뜻하니 건강한 샐러드우동으로 한상차림의 완성입니다 ..

치킨난반

재료

◎ 냉동 닭튀김 400~500g
  (사세 치킨가라아게, 고메 치킨 추천)
◎ 양배추 1/4통
◎ 간장 1큰술
◎ 식초 1큰술
◎ 맛술 1큰술
◎ 설탕 1큰술

[타르타르소스]
◎ 달걀 2개
◎ 피클 5~6조각
◎ 양파 1/4개
◎ 마요네즈 5큰술
◎ 머스터드 1/2큰술
◎ 레몬즙 1/2큰술
◎ 설탕 1/2작은술
◎ 통후추 약간

팁!

시판 닭튀김 자체에 간이 있다 보니 간장소스는 약간 부족한가
싶을 정도가 딱 맞습니다,. 다리살, 가슴살, 텐더, 콩고기 등등
바삭한 튀김옷만 입혀졌다면 입에 맞는 게 제일이구요 ..
봉지우동이 가루 소스라면 물을 한 숟갈 더해주시구,. 간은 식초
겨자로 맞추세요..

달걀은 끓는 물에 10~12분간 삶아 완숙으로 준비합니다.

완숙 달걀과 피클, 양파는 모두 잘게 다진 뒤 볼에 담고 타르타르소스 재료를 모두 넣고 잘 섞어 타르타르소스를 만듭니다.

양배추는 가늘게 채 썹니다.

냉동 닭튀김은 봉지에 적힌 시간대로 에어프라이어에 튀깁니다.

작은 공기에 간장과 식초, 맛술, 설탕을 넣고 잘 섞은 뒤 전자레인지에 30초간 돌려 간장 양념을 만듭니다.

큰 볼에 갓 꺼내 뜨거운 닭튀김과 간장 양념을 넣고 잘 버무립니다.

접시에 채 썬 양배추와 닭튀김을 담고 타르타르소스를 듬뿍 얹습니다.

샐러드우동

재 료

- ◎ 훈제오리 5~6점
- ◎ 봉지우동 1개
- ◎ 삶은 달걀 1개
- ◎ 양배추 1/8통
- ◎ 당근 1/4개
- ◎ 주키니(애호박) 1/4개
- ◎ 가지 1/4개

- ◎ 느타리버섯 1/2송이
- ◎ 대파 3cm
- ◎ 조미김 1봉
- ◎ 카놀라유 약간

[소스]
- ◎ 연겨자 약간
- ◎ 참기름 1/2큰술
- ◎ 간장 1큰술
- ◎ 식초 1큰술
- ◎ 물 2큰술
- ◎ 설탕 1/2큰술
- ◎ 소금 약간

서/브/메/뉴

차가운 토마토, 해초무침

곁/들/임/술

써머스비주 써머스비 애플 500ml / 3천 원대 / 편의점, 대형마트
톡톡 터지는 스파클링 사과주인 써머스비 애플은 편의점에서 흔히
볼 수 있지요. 여기에 소주를 1:1로 섞으면 멋장이 칵테일이 됩니다.
그만큼 도수도 올라가니까 조심하세요. 사과주스에 탄산수, 소주를
타 먹는 황천주의 간소화 버전이기도 합니다.

① 대파는 얇게 송송 썰고 양배추와 당근은 가늘게 채 썹니다.

② 느타리버섯은 한 가닥씩 손으로 찢고 주키니와 가지는 0.5cm 두께로 동그랗게 썹니다.

③ 팬에 카놀라유를 두르고 주키니와 가지, 느타리버섯을 넣고 소금으로 살짝 간해 앞뒤로 노릇하게 굽습니다.

④ 훈제오리도 앞뒤로 가볍게 굽습니다.

⑤ 작은 볼에 봉지우동 간장소스와 소스 재료를 모두 넣고 잘 섞어 소스를 만듭니다.

⑥ 우동 면은 끓는 물에 1~2분간 데치고 찬물에 헹군 뒤 체에 밭쳐 물기를 뺍니다.

⑦ 접시에 우동 면을 담고 채 썬 양배추와 당근, 구운 채소를 빙 둘러 얹습니다.

⑧ 구운 훈제오리와 삶은 달걀을 얹고 소스를 빙 둘러 뿌린 뒤 봉지우동 플레이크와 대파를 얹고 조미김을 찢어 올립니다.

돈설이라구 들어보셨나요?
돼지국밥 순대국밥 먹을 적에 종종 보이는 놈입니다..
이름 그대로 돼지 혀 부위인 요놈은
고기인 듯 내장인 듯 오묘한 식감에다 담백한 맛이 일품이지요.,

돈설파소금구이

특히 구워 먹으면 아주 맛이 좋아요,.
파 마늘 듬뿍 쳐서 소금 간장 양념 버무려다 자글자글..
오돌쫀독하니 요게 또 별미거든요..
비타민도 듬뿍에 저렴하기까지 하니 금상첨화지요..

돈설파소금구이

재료

- ◎ 돈설 슬라이스 300g
- ◎ 대파 1대
- ◎ 다진 마늘 1작은술
- ◎ 들기름 1작은술
- ◎ 간장 1/2큰술
- ◎ 소금 1/2작은술
- ◎ 후추 약간
- ◎ 겨자 약간
- ◎ 레몬즙 약간

서/브/메/뉴

주먹밥(간장계란밥),
상추겉절이

팁!

돈설 슬라이스는 보통 냉동으로 팔지요.. 급할 때는 그대로 먹지만
구우면서 물이 나오니까는 질척하게 익어버려요.. 전날 미리
냉장실에 해동해다 드셔요., 토치가 있다면 마무리로 휘리릭..
불맛이 확 도는 게 가게에서 파는 맛 못지않습니다..

대파는 송송 썹니다.

볼에 돈설과 다진 마늘, 들기름, 간장,
소금, 후추, 썰어둔 대파의 1/2 분량을
넣고 조물조물 버무립니다.

연기가 날 정도로 센 불에서 달군 팬에
양념한 돈설을 넣고 물기가 나오지
않도록 센 불에서 3분간 짧게 볶습니다.

접시에 옮겨 담고 남은 대파를 듬뿍 얹은
뒤 먹기 직전 레몬즙을 살짝 뿌립니다.
겨자를 곁들여 먹습니다.

곁/들/임/술

추사 하이볼 40도 / 200ml / 3만 원대 / 보틀숍
잘 익은 사과 본연의 향이 화아악 올라오는 좋은 술입니다.
와라락 구워 먹는 고기 요리에는 시원하게 꿀떡 넘어가는
술이 잘 어울리니까는 얼음에 탄산수, 레몬즙을 더해다 말아
마셨지요. 독한 술의 느끼한 맛이나 알코올 향 없이 기분 좋은
사과 향이 그윽한 게 행복해지는 맛입니다.

케찹 냄새가 또 한번 맡으면은 침이 꼴딱꼴딱 넘어가구 그래요.,
새큼달큼한 케찹 쏘스에 채소도 고기도 듬뿍 넣어다가 달달달 볶으면은
입에 착착 감기는 나폴리탄 스파게티가 땡이지요..
여기에 또 꼬릿꼬릿 치즈가루를 수북이 뿌리면은 끝내주고

건더기 듬뿍 나폴리탄

먹다가 물리면은 핫소스 더해다가 맵싸하게 또 한 그릇을 후루룩 훌훌.,
기운차게 후루룩 냠냠 먹고 나면은
입 주변이 케찹 쏘스로 범벅이 되겠지만 아이구, 뭐 어때요,.

건더기 듬뿍 나폴리탄

재료

- ◎ 파스타 면 100g
- ◎ 돼지고기 150g
  (목살, 다리살 등)
- ◎ 양파 1/2개
- ◎ 당근 1/4개
- ◎ 피망 1/4개
- ◎ 새송이버섯 1/2개

- ◎ 말린 베트남고추 2개
- ◎ 카놀라유 약간
- ◎ 파르메산 치즈가루 1큰술
- ◎ 소금 적당량
- ◎ 후추 약간
- ◎ 통후추 약간
- ◎ 파슬리가루 약간

[양념]
- ◎ 다진 마늘 1작은술
- ◎ 케첩 5큰술
- ◎ 돈까스소스 2큰술
- ◎ 치킨스톡 1/2큰술
- ◎ 고춧가루 1작은술

팁!

숟가락으로 건더기 양념을 푹푹 떠먹어가며 먹어야 제맛입니다., 마무리로 가루치즈를 듬뿍 뿌리는 게 포인트니까는 피자 시켜 먹고 남는 놈을 버리지 말구 꼬옥 챙겨두세요..

① 냄비에 1L 이상의 넉넉한 물을 끓입니다.

② 끓는 물에 파스타 면과 소금 1/2큰술을 넣고 포장지에 적힌 시간보다 2분 덜 삶고 건져 내 체에 밭쳐 둡니다. 이때 면수 2국자 정도를 따로 둡니다.

③ 돼지고기는 칼로 굵게 다집니다.

④ 새송이버섯은 손으로 길게 결대로 찢고, 피망과 양파, 당근은 사방 0.5cm 크기로 다집니다.

⑤ 팬에 카놀라유를 두르고 돼지고기와 후추, 소금 2꼬집을 넣어 볶습니다.

⑥ 고기 겉면이 익으면 당근과 양파를 넣고 중간 불에서 5분간 더 볶습니다.

⑦

베트남고추를 손으로 부숴 넣고 양념 재료를
모두 넣은 뒤 2~3분간 잘 섞어 볶습니다.

⑧

면수를 재료가 절반정도 잠길 만큼
붓습니다.

⑨

손질한 새송이버섯과 삶은 파스타 면을
넣고 걸쭉하게 볶듯이 끓입니다.

⑩

통후추와 파르메산 치즈가루,
파슬리가루를 뿌려 먹습니다.

서/브/메/뉴

달걀스크램블, 오이,
방울토마토

곁/들/임/술

헨드릭스 진토닉 44도 / 700ml / 5만 원대 / 보틀숍

요즘은 다양한 진을 팔고 있지만 가장 입에 맞고 마음에 드는 건
역시 헨드릭스 진입니다. 냉장고에 남은 오이 자투리를 송송 썰어
넣으면 기가 막히구요. 비율이야 마시는 사람 마음대로라지만
1:4~5 정도면 되겠지요? 단맛이 싫더라도 요것만큼은 꼭 탄산수
대신 토닉워터를 타야 한층 더 청량한 맛이 납니다.

오랜만에 술을 아주 내일 없이 달렸습니다.,
입안도 텁텁하고 속은 울렁울렁..
아이고 죽겠다,.
쓰린 게 배 속인지 마음속인지 알 수가 없지마는
속풀이 해장에는 요 콩나물해장국이 최고거든요..

콩나물해장국, 더덕무침

국밥 한술 뜨기 전에 반숙으로다가 익힌 수란 먼저 톡,.
김도 바작바작 찢어 넣구 칼칼한 국물 몇 술 끼얹어서는 한입에 홀딱, .
아삭한 콩나물도 통통 불은 쌀밥도
눈치 볼 것 없이 허겁지겁 밀어 넣고 나면은
어이구 시원하다, 어이구 살겠다 ..

콩나물해장국

재료

- ◎ 쌀밥 2공기
- ◎ 콩나물 300g
- ◎ 달걀 2개 (인원수대로)
- ◎ 대파 1대
- ◎ 청양고추 3개
- ◎ 다진 마늘 1큰술

- ◎ 다진 대파 1큰술
- ◎ 다시팩 1개
  (멸치, 다시마로 대체 가능)
- ◎ 새우젓 3큰술
- ◎ 국간장 1큰술
- ◎ 물 1,500ml

- ◎ 고춧가루 1작은술
- ◎ 조미김 1팩
- ◎ 소금 약간
- ◎ 통깨 약간

① 콩나물은 흐르는 물에 씻고 분량의 끓는 물에 소금을 넣어 3분간 데친 뒤 체에 밭쳐 물기를 뺍니다. 이때 콩나물 삶은 물은 그대로 둡니다.

② 콩나물 삶은 물에 다시팩을 넣고 10~15분간 끓여 육수를 냅니다.

③ 볼에 데친 콩나물과 다진 대파, 다진 마늘 1/2큰술, 국간장, 고춧가루, 통깨를 넣고 조물조물 섞습니다.

④ 청양고추와 대파는 잘게 송송 다집니다.

⑤ 육수에 무쳐둔 콩나물과 새우젓, 다진 청양고추의 2/3를 넣고 중간 불에서 한소끔 끓입니다. 모자란 간은 새우젓으로 맞춥니다.

⑥ 오목한 공기에 물 1큰술과 계란 1개를 깨트려 넣고 랩을 씌워 전자레인지에 50초간 돌려 수란을 만듭니다.

⑦ 큰 사발에 밥과 콩나물국을 푸짐하게 담고 수란과 다진 마늘 1/2큰술, 다진 대파, 다진 청양고추의 1/3을 올립니다.

⑧ 조미김을 손으로 찢어 넣고 통깨를 살짝 뿌려 먹습니다.

더덕무침

재료

- ◎ 깐 더덕 1근(300g)
- ◎ 다진 마늘 1/2큰술
- ◎ 다진 대파 1/2큰술
- ◎ 고추장 듬뿍 1큰술
- ◎ 매실청 1큰술
- ◎ 진간장 1큰술
- ◎ 맛술 2큰술
- ◎ 고춧가루 2큰술
- ◎ 참기름 약간
- ◎ 통깨 약간

서/브/메/뉴

오징어순대, 부추무침

팁!

속이 많이 더부룩한 날은 밥 없이 수란만 두어 개 더해다 먹는
게 편안하지요, .. 매운 것 못 먹는 분은 청양고추, 다진 마늘을
생략하시고.. 얼큰한 해장이 필요하다면은 넉넉히 얹어 드셔요 ..
손질되지 않은 흙더덕을 샀다면 조금 더 공이 들어갑니다.,
끓는 물에 10초, 얼음물에 30초 담근 더덕을 돌돌 껍질 까고 소금물
담가 쓴맛 빼고 아이고.. 한나절이 걸려요..

① 깐더덕 중 두꺼운 건 세로로 반 갈라 새끼손가락 정도 굵기로 맞춥니다.

② 칼 손잡이 밑동으로 꿍꿍 두드려 펴서 부드럽게 만듭니다.

③ 한입에 먹기 좋은 크기로 썹니다.

④ 볼에 손질한 더덕과 나머지 재료를 모두 넣고 손으로 조물조물 버무립니다.

곁/들/임/술

송명섭 생막걸리 6도 / 750ml / 5천 원대 / 보틀숍, 온라인

꼭 마시는 플레인요거트에서 걸쭉함을 뺀 것 같은 맛의 막걸리입니다. 뒤에 텁텁하게 남는 것 없이 깔끔하면서도 이게 유산균이 왕창 들어가 있구나 싶은 맛이라고나 할까요? 호불호가 갈릴듯한 새큼함이지만 요게 또 중독적이라 잊을 만하면 한 번씩 생각나곤 하지요.

애매하게 남아 김빠진 맥주는 늘 처치곤란이지요.,
아이구 아까워라 이걸 왜 땄을까..
어젯밤에는 분명 더 마실 수 있을 것 같았는데, 이것 참..
남은 맥주에 냉장고 속 탈탈 털어다가 다글다글 끓이면은
고기는 부들부들 국물은 깊은 맛이 나는 스튜로 변신을 땡,.

소고기스튜, 양파샐러드

매콤하게 해다가 해장으로도 좋구
코코넛 스프레드에 향긋한 고수를 더하면
이국적인 맛이 제법 그럴싸해집니다..
양파샐러드는 아주 간단하면서도 가쓰오부시의 감칠맛이 사악 ..
반찬거리 마땅치 않을 때 후다닥 곁들이기 좋지요.,

소고기스튜

재 료

- ◎ 자투리 소고기 200g
  (척아이롤 등 기름기 있는 부위)
- ◎ 다진 자투리 채소 1공기
  (애호박, 당근, 대파 등)
- ◎ 양파 1/2개
- ◎ 마늘 10알
- ◎ 고수 또는 셀러리 잎 1줌
- ◎ 말린 베트남고추 1개
- ◎ 고체 카레 1~2블럭
- ◎ 슬라이스 치즈 2장
- ◎ 시판 토마토소스 5큰술
- ◎ 코코넛 스프레드 2작은술
- ◎ 카놀라유 또는 버터 약간
- ◎ 김빠진 맥주 500ml
- ◎ 소금 약간
- ◎ 후추 약간

소고기는 엄지손가락 한 마디 길이로
썹니다.

자투리 채소는 사방 2cm 길이로 깍둑
썰고 양파는 가늘게 채 썹니다.

냄비에 카놀라유나 버터를 두르고 중간
불로 달군 뒤 소고기를 넣고 소금과
후추를 뿌려 살짝 볶습니다.

고기 색이 변하면 손질한 자투리채소와 채
썬 양파, 마늘을 넣고 2~3분간 볶습니다.

김빠진 맥주와 고체 카레, 토마토소스,
후추를 넣고 뭉치지 않게 잘 저어가며
중약불로 10~15분간 끓인 뒤 슬라이스
치즈와 베트남고추를 손으로 찢어 넣고
고루 섞습니다.

뜨거울 때 그릇에 담고 코코넛 스프레드와
고수를 얹습니다.

양파샐러드

재 료

◎ 양파 1개
◎ 고추기름 1/2큰술
◎ 간장 1큰술
◎ 식초 1큰술
◎ 가쓰오부시 1/2줌
◎ 통후추 약간

서/브/메/뉴

바게트 혹은 쌀밥과
계란후라이

팁!

소고기와 채소는 뭐가 들어가든 크게 상관이 없어요,. 맥주, 카레,
도마도소스 요 세 가지만 꼬옥 챙겨 넣어주셔요., 빵을 곁들이면은
와인 안주로 딱.. 밥과 계란후라이 하나 올리면은 든든한 한 끼가
됩니다.. 양파샐러드의 양파는 아주 얇게 슬라이스해야 식감은
아사삭, 먹기에도 편해서 쑥쑥 들어갈 것여요.,.

양파는 채칼로 얇게 슬라이스합니다.

볼에 찬물을 받아 채 썬 양파를 충분히 헹궈 매운기를 뺀 뒤 손으로 꼭 쥐어 물기를 제거하고 체에 받쳐 둡니다.

접시에 양파를 담고 작은 종지에 간장과 식초, 고추기름을 잘 섞은 뒤 끼얹습니다.

통후추와 가쓰오부시를 얹습니다.

곁/들/임/술

무초 마스 레드 14도 / 750ml / 2만 원대 / 보틀숍
연한 바닐라와 아주 신선한 포도주스 같은 향의 와인입니다. 혀끝에 타닥 터지는 떫은맛과 쌉싸름한 뒷맛이 진한 간의 음식에도 밀리지 않지요. 마지막에는 부드럽게 넘어가니까는 음미할 틈도 없이 꿀떡꿀떡 마시게 된다는 단점이 있어요. 무난하게 마실 만한 레드와인이 필요할 때 꼭 찾게 되는 놈입니다.

전날 배달시켜 실컷 먹구 애매하게 남은 족발을 어디다
쓰나,. 어디보오자..
퍼석한 자투리 살에 팔뚝만 한 뼈 구석구석 붙은 살점,
요 맛있는 걸 왜 안 먹구 남겼을까?
토실토실 발 부분도 한데 모아 설설설,. 끓여주면

족발덮밥

흐물흐물 쫀득하니 씹을 것도 없이 스르륵 녹아내리는 태국식
족발덮밥을 만들 수가 있어요.,
반숙으로 삶은 겨란은 욕심껏 두 개씩 올려다가
시큼달큼 액젓소스 끼얹어가며 먹으면 여기가 바로 태국이지요.,

족발덮밥

살 발라내구 남은 뼈도 함께 푸욱 끓여줘야 걸쭉하니 맛도 진한 국물이 나오더라구요.. 생 족발이나 건강한 족발보다는 캐러멜색소 컬러와 향이 있는 일반 족발집 것을 쓰는 게 잘 어울려요., 달콤짭쪼름한 맛이라 시큼하고 매운 소스 곁들이면은 아주 중독적이지요.. 매운 걸 못 먹으면 액젓소스에서 고추는 빼구, 대신 입안 시원해지게 풋고추나 오이, 피망을 함께 먹어두 괜찮겠어요.

액젓소스 만들기

① 청양고추는 아주 잘게
송송 썹니다.

② 분량의 양념과 섞어 냅니다.

재료

◎ 쌀밥 1공기
◎ 미니족발 450g
  (배달족발 먹고 남은 큰 뼈에
  붙은 살, 발 2개, 고기 2점 기준)
◎ 대파 초록색 부분 3대
◎ 마늘 3알
◎ 반숙 달걀 4개
◎ 간장 2/3국자
◎ 설탕 2/3국자
◎ 물 1,500ml

[액젓소스]
◎ 청양고추 3개
◎ 다진 마늘 1/2큰술
◎ 액젓 1큰술
  (남플라, 느억맘 또는 멸치액젓)
◎ 진간장 1큰술
◎ 식초 또는 레몬즙 1큰술
◎ 물 2큰술
◎ 설탕 1/2큰술

① 큰 뼈에 붙은 살점은 칼로 발라내고
발 부분(미니족)은 그대로 씁니다.

② 대파 초록색 부분은 5~6cm 길이로 썹니다.

③ 냄비에 남은 족발과 발라낸 살, 족발 뼈,
대파, 마늘, 간장, 설탕, 물을 넣습니다.

④ 뚜껑을 덮고 센 불에서 팔팔 끓기 시작하면
5분간 더 끓인 뒤 약한 불로 줄입니다.
tip. 바닥에 눌어붙지 않게 중간중간 뒤적입니다.

⑤ 물을 반 컵씩 보충해 가며 족발이 흐물흐물
부드러워질 때까지 1시간~1시간 반 정도
끓입니다.

⑥ 접시에 밥을 담고 끓인 족발을 국자로
떠서 끼얹습니다. 반숙 달걀과 액젓소스를
곁들여 먹습니다.

무생채, 오이, 풋고추

넵머이 30도, 40도 / 500ml, 700ml / 1-2만 원대 / 홈플러스 등 대형마트
베트남의 찹쌀술입니다. 독특한 맛에 가격도 저렴해서
선물용으로 많이들 사 오곤 하지요. 진한 보리차나 숭늉 마실
때의 구수함도 있구, 무엇보다도 영락없는 누룽지사탕 향이
나는 게 아주 특이해요. 밥, 면이나 기름기 많은 육류에도 잘
어울립니다.

매콤달콤 불닭 옆에는 매운맛 중화시켜 줄 콘치즈가
단짝처럼 따라붙는 법이지요.,
닭다리살 조물조물 밑간해다가 껍질 바삭하게 초벌구이 한 번,
뻘건 양념 쓱싹 버무려 불맛 나게 구워내면..

치즈불닭

어이구 맵다, 매워 ..
시원한 맥주를 얼른 쭈욱 마시구
이번엔 주르륵 늘어나는 콘치즈에 둘둘 말아 덜 맵게 한입 더 쏙.,
더위도 짜증도 한 번에 날려버릴 치즈불닭이 땡입니다,.

불닭

재 료

- ◎ 닭다리살 400g
- ◎ 양파 1/2개
- ◎ 대파 1대
- ◎ 청양고추 3개
- ◎ 다진 마늘 1작은술
- ◎ 맛술 1큰술
- ◎ 소금 1/2작은술

[양념장]
- ◎ 고추장 2큰술
- ◎ 고춧가루 2큰술
- ◎ 다진마늘 1큰술
- ◎ 간장 1큰술
- ◎ 물엿 2큰술
- ◎ 식초 1큰술
- ◎ 다시다 1/2작은술
- ◎ 후추 약간

① 닭다리살은 한입 크기로 썬 뒤 볼에 담아 다진 마늘과 맛술, 소금을 넣고 잘 주물러 20분간 재웁니다.

② 양파는 얇게 슬라이스하고 대파와 청양고추는 어슷하게 썹니다.

③ 작은 볼에 양념장 재료를 모두 넣고 잘 섞습니다.

④ 쿠킹 호일을 두 장 겹치고 모서리를 네모나게 접어 큰 접시 모양을 만듭니다.

⑤ 180도로 예열한 에어프라이어에 종이 호일을 깔고 쿠킹 호일 접시와 손질한 채소, 밑간한 닭고기를 순서대로 올립니다.

⑥ 180도에서 10분간 굽습니다.

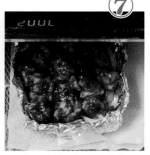

⑦ 초벌구이한 닭고기에 양념장을 버무린 뒤 다시 채소 위에 올리고 겉이 가슬가슬하게 익도록 200도에서 8~10분간 굽습니다.

콘치즈

| 2 인분 | 10 분 |

재 료

- ⊙ 스위트콘 1작은캔 (340g)
- ⊙ 피자치즈 100~200g
- ⊙ 마요네즈 5큰술
- ⊙ 우유 2큰술
- ⊙ 설탕 1작은술
- ⊙ 후추 약간

서/브/메/뉴

치킨 무, 양배추사라다,
강냉이

불닭은 에어프라이어나 오븐이 없다 해도 괜찮어요., 기름 두른 팬에다
중약불로 속까지 익게 차근차근 구우면 되지요.. 처음부터 빨간
양념에 버무리지 않는 건 눌어붙거나 타기 쉬워서예요.. 채소가 너무
많으면은 물이 흥건히 나오니까 닭이 타지 않게 밑에 한 겹 깔아준다는
정도면은 됩니다., 콘치즈는 전자레인지에서 꺼내볼 때마다 휘휘 젓구,
너무 되직하다 싶으면 우유를 반 큰술씩 추가해주세요.,

① 옥수수는 체에 밭쳐 물기를 뺍니다.

② 내열 용기에 콘치즈 재료를 모두 넣고 숟가락으로 잘 섞습니다.

③ 전자레인지에 넣고 치즈가 잘 녹아내릴 때까지 1분씩 두 번 정도 돌립니다.

④ 숟가락으로 잘 섞은 뒤 불닭과 곁들여 먹습니다.

곁/들/임/술

카스 프레시 캔 4.5도 / 500ml / 2천 원대 / 전국 어디든

호프집에 가면 두말 않고 "카스 쌩맥 오백!"을 외치던 버릇은
도통 사라지질 않아요. 익숙한 맛이 제일이라고, 맛이
어떻다느니 향이 어떻다느니 폼 잴 것 없이 냅다 콸콸콸 마시는
게 카스 맛이지요. 피곤한 날 치킨 한 마리 시켜놓고 캔맥주를 딱!
딸 때의 짜릿한 시원함을 무엇에 비할 수 있을까요.

냉동실에 대패삼겹살 한 봉다리 넣어두면 급할 때 아주 요긴히 쓰여요.,
남은 채소 휘리릭 볶다가 한 줌 더하면 든든한 메인 음식이 되구
배추 숙주에 툭 올려 포옥 찌면은 담백한 고기채소찜이 땡..

후딱 익으니까 더 좋지요..
오늘은 대패삼겹에 부추를 듬뿍 해다가 불맛 나게 달달 볶아 휘리릭 뚝딱.,
힘이 펄펄 솟아나는 덮밥 한 그릇을 해볼까요.,

부추대패덮밥

재료

- ◎ 냉동 대패삼겹살 200g
- ◎ 부추 100g
- ◎ 카놀라유 약간
- ◎ 고추기름 1큰술
- ◎ 쌀밥 1공기

[양념장]
- ◎ 다진 마늘 1큰술
- ◎ 간장 2큰술
- ◎ 맛술 1큰술
- ◎ 물 4큰술
- ◎ 설탕 1큰술
- ◎ 후추 듬뿍

서/브/메/뉴

초생강, 락교

팁!

부추는 열을 내주는 재료라 기운 없구 자꾸만 몸이 움츠러들 때 딱
좋습니다., 간장 양념으루 달달 볶은 대패삼겹살을 넓게 펴다가
생부추, 볶은 부추, 밥과 함께 쑤욱 싸서 드셔요..

① 부추는 3/4 분량을 4~5cm
길이로 썹니다.

② 나머지 1/4 분량은 0.5cm
길이로 잘게 다집니다.

③ 팬에 카놀라유를 두르고
길게 썬 부추를 20초간
숨이 죽을 만큼만
볶습니다.

④ 넉넉한 사발에 밥을 담고
볶은 부추를 넓게 펼쳐
얹습니다.

⑤ 같은 팬에 대패삼겹살과
양념 재료를 모두 넣고
중약불에서 물기가 없어질
때까지 타지 않게 조리듯
볶습니다.

⑥ ④에 볶은 대패삼겹살과
다진 부추를 올리고
고추기름을 한 바퀴 둘러
먹습니다.

곁/들/임/술

강주와 차가운 헛개차 50도 / 1,800ml / 1만 원대 / 온라인(술마켓 등)
큼지막한 페트병에 담긴 50도짜리 소주. 맞습니다. 담금주용으로
많이 쓰이는 독한 소주인 강주입니다. 맛으로 먹는다기보다는
여차할 때를 대비해 한 통씩 쟁여두는 놈이라 여기저기
만만하게 타 마시고 있지요. 쨍하게 차가운 헛개차에 강주를
쪼로록,. 잘잘한 얼음 동동 띄워다 훌떡 마시면은 정신이 홀딱
깨어납니다.

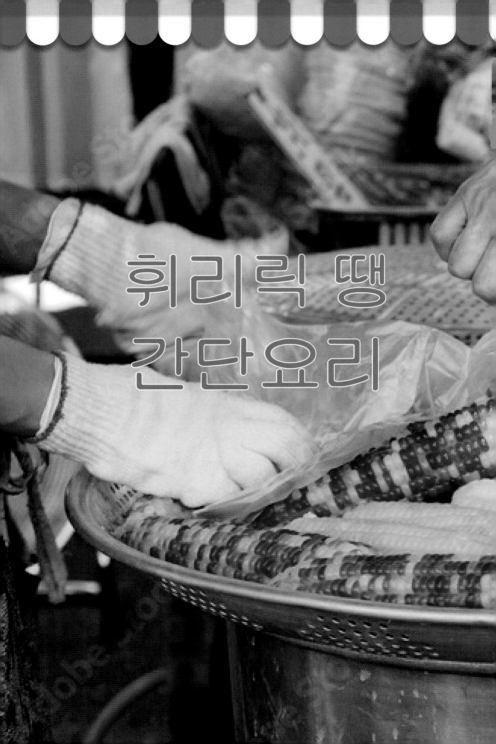

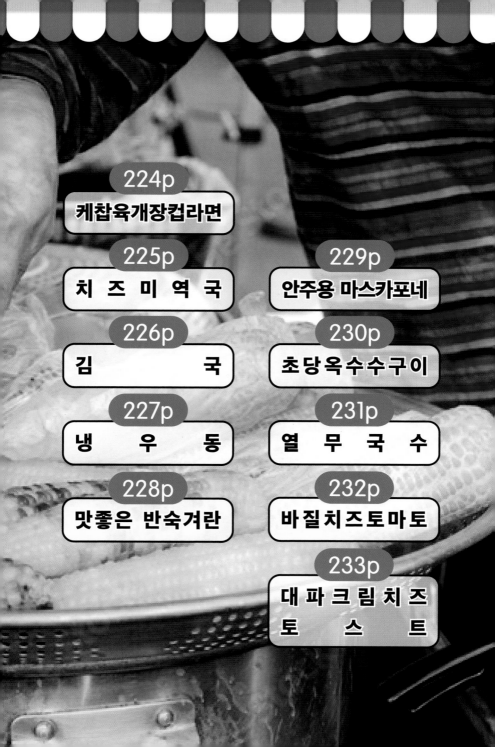

케찹육개장컵라면

삼삼한 육개장 국물에 도마도케찹을
큼직하게 한 숟갈 쭈루룩..
달작하니 깊은 맛이 더해져서는 국물까지 홀딱 들어갑니다.,
겁먹지 말구 한번 드셔보세요..

02
치즈미역국

뽀오얀 미역국이 뜨거울 때
노오란 체다치즈를 한장, 오뚜기 순후추를 팍팍팍..
치즈가 녹진하게 녹으면은 미역과 함께 푹 떠서 한입..
고소한 소고기 미역국에 제일 잘 어울리지요.,

냄비에 라면물 정도 올려서는
날김 양파 맛간장 고춧가루 넣어다가 파르르 끓여 땡..
몸이 살살 녹는 편안한 맛이 납니다.,

데친 우동 면을 찬물에 박박 헹궈다가 국수장국에
간 무 듬뿍, 대파 송송, 김 박박..
찰떡마냥 차진 냉우동을 후루룩.,
매끄러운 게 쑥쑥 들어가지요..

05
맛좋은 반숙겨란

반숙으로 쫀독하게 삶은 겨란에다 소금 몇 톨 톡톡 뿌려서는
방앗간서 짜온 들기름이나 트러플오일을 한두 방울만 뚝..
노른자 맛이 어찌나 꼬숩고 진한지 가만히 먹다 보면 감동스럽기까지 합니다..

안주용 마스카포네

우유 맛 진한 마스카포네 치즈와 냉장고 뒹굴뒹굴 재료들의 궁합은
무궁무진하지요., 마른 김과 구운 가지, 와사비간장, 젓갈.. 짭쪼롬한 맛이
더해지면 배부를 때 술안주로 이만한 게 없어요..

초당옥수수구이

초당옥수수 절반 뚝 잘라다가 버터 한 조각 간장 쪼록...
에어프라이어 180도에서 20분 땡.. 피자집 치즈가루에
양꼬치 빨간 가루 솔솔솔 뿌리면은 쫀독~쫀독~ 달착지근 짭쪼롬 매콤한 데다
태운 버터간장냄새가 기가 막히지요,.

열무김칫국물 한 국자에 고추장을 모자라게 1큰술,
식초 3큰술, 설탕, 고춧가루, 들기름 1/2작은술..
통깨 탁 뿌려다가 동치미냉면육수 한 봉다리 휘리릭 부어 소면을 말아 먹으면
여름 무더위가 싸악 가십니다.,

바질치즈토마토

도마도 하나 깍뚝 썰고 생바질을 3장 정도 쫑쫑쫑..
치즈가루 훌훌훌 통후추를 박박박,. 이 정도만 했는데두 여러 가지
향이 솔솔 올라오는 게 제법 멋들어진 맛이 납니다..

대파크림치즈토스트

크림치즈 4큰술에 다진 대파 2큰술, 설탕 1/2작은술,
껍질 벗긴 명란젓 1/2큰술을 골고루 슥삭 섞어다가 바삭하게
토스트한 식빵에 얹으면은 간식으로도 와인 안주로도 제격이지요..

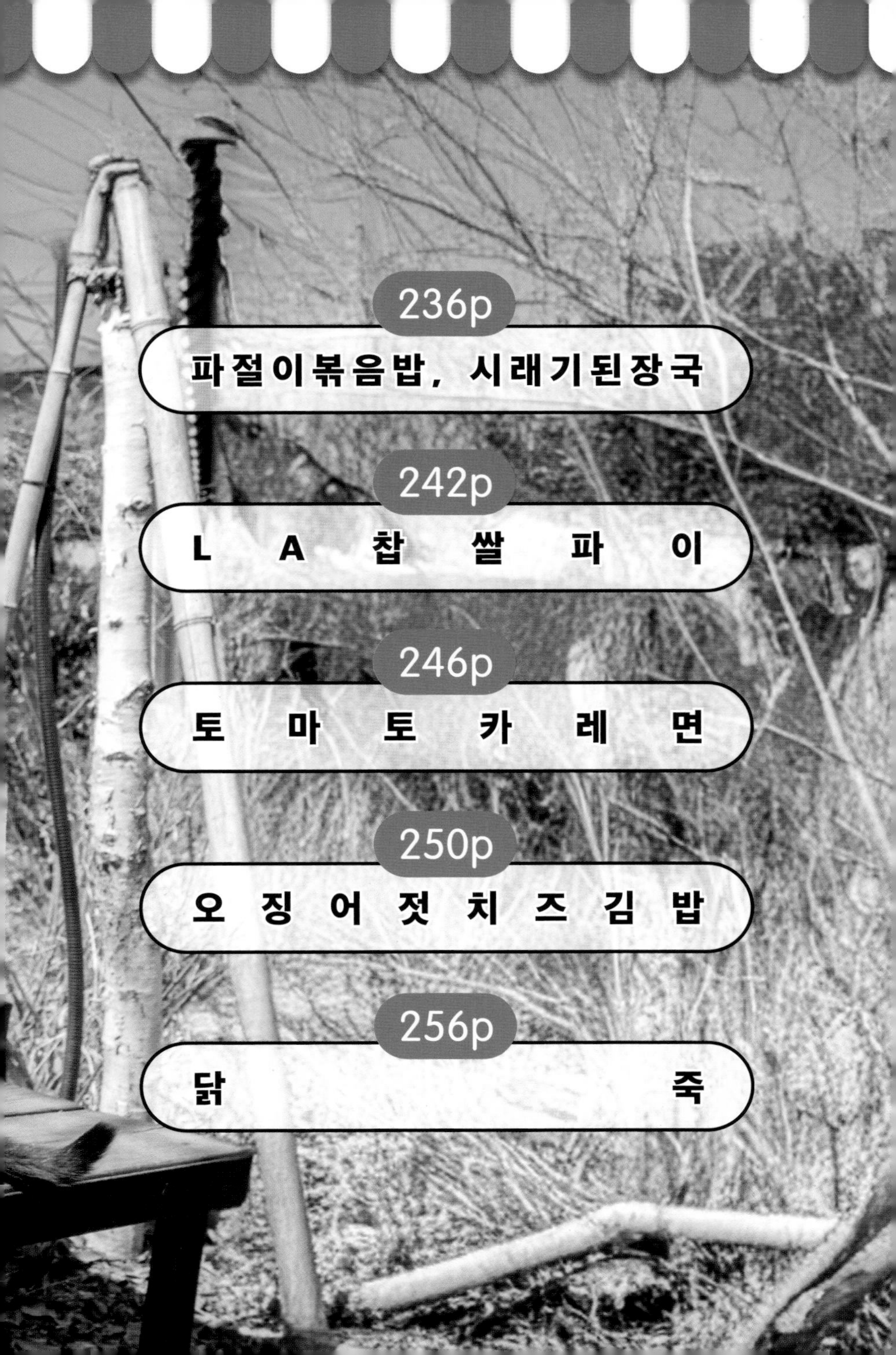

파기름을 내다가 푹푹 퍼담아 둔 찬밥을 터억,.
달달 볶아 꾸덕꾸덕 눌러서는 숟가락 하나 들면 먹을 준비 땡..
푹푹 떠먹는 볶음밥은 기가 막히지요,.
볶음밥 볶는 내내 파기름 향이 온 집 안에 화악.. 군침이 꿀떡 넘어가구요.,

파절이볶음밥, 시래기된장국

파절이용 대파 채 남은 걸로 만들었다고 해서 파절이볶음밥입니다..
구수하게 끓인 시래기된장국 한 사발 곁들이면은
참 별것 들어가지도 않는 게 이렇게 맛이 좋아도 되나.,
괜한 생각까지 하게 되지요..

파절이볶음밥

재 료

- ◎ 참치 1캔
- ◎ 찬밥 2공기
- ◎ 대파 2대
- ◎ 청양고추 3개
- ◎ 조미김 1팩
- ◎ 다진 마늘 1/2큰술
- ◎ 카놀라유 3~4큰술

- ◎ 참기름 약간
- ◎ 간장 3큰술
- ◎ 식초 1큰술
- ◎ 물 2큰술
- ◎ 설탕 1작은술
- ◎ 통깨 약간
- ◎ 후추 약간

[쌈장소스]
- ◎ 쌈장 2큰술
- ◎ 파인애플주스 3큰술
  (사과주스로 대체 가능)
- ◎ 다진 생강 1꼬집
  (생략 가능)
- ◎ 다진 마늘 1/2작은술

① 작은 볼에 쌈장소스 재료를 모두 넣고 잘 섞습니다.

② 대파는 채칼로 길게 채 썬 뒤 5cm 길이로 썰고 청양고추는 길게 반 갈라 얇고 어슷하게 썹니다.

③ 작은 공기에 청양고추와 다진 마늘, 참기름, 간장, 식초, 물, 설탕, 통깨를 한데 섞어 간장양념을 만듭니다.

④ 팬에 카놀라유와 채 썬 대파를 넣고 타지 않게 중약불로 5분 이상 달궈 파기름을 냅니다.

⑤ 대파를 팬 가장자리로 밀어 가운데 빈 곳을 만들고 찬밥을 올린 뒤 꾹꾹 눌러 펼칩니다.

⑥ 기름 뺀 참치를 밥 위에 얹고 살짝 눌어붙도록 중간불로 5분간 둡니다.

⑦ 간장 양념을 팬 가장자리로 빙 두르고 조미김을 손으로 찢어 넣습니다.

⑧ 나무 주걱으로 밑바닥까지 고루 섞고 넓게 펼쳐 눌렀다가 다시 섞기를 반복하며 센 불에서 3분간 볶습니다. 쌈장소스를 곁들입니다.

시래기된장국

2 인분 | 30 분

재료

- ◎ 삶은 시래기 300g
- ◎ 국물용 멸치 10마리
- ◎ 청양고추 2개
- ◎ 다진 마늘 1/2큰술
- ◎ 된장 3큰술
- ◎ 쌀뜨물 또는 물 1,200ml

팁!

파절이볶음밥에는 대파도 기름도 듬뿍 넣어야 향긋하구 윤기 도는 볶음밥이 됩니다., 넓은 뒤집개나 주걱으로 밥을 꾹꾹 누르고 박박 긁어 뒤집는 게 꼬들꾸덕한 고깃집 볶음밥의 비결이지요.. 슈퍼에서 파는 냉장 봉다리 시래기는 질깃할 때가 있으니까는 한 팩씩 포장된 냉동 시래기를 추천합니다.,

①

냄비에 쌀뜨물과 멸치를 넣고 15분간 끓여 멸칫국물을 냅니다.

②

청양고추는 어슷하게 썰고 시래기는 찬물에 헹군 뒤 물기를 손으로 가볍게 꼭 짜내어 7~8cm 길이로 썹니다.

③

냄비에서 멸치를 건져낸 뒤 된장을 풀고 썰어 둔 시래기와 청양고추를 넣어 중간 불로 10~15분간 푹 끓입니다.

④

시래기가 부드럽게 익으면 다진 마늘을 넣고 5분 더 끓입니다.

서/브/메/뉴

겨란후라이, 배추김치

곁/들/임/술

사락 33도 / 375ml / 1만 원대 후반 / 대형마트, 보틀숍

증류주를 처음 시도해보는 분께 추천하고 싶은 보리 증류주입니다. 곡식의 구수한 향과 단향에 더불어 잔잔하게 달착한 맛이 있지요. 다른 음료를 타 마셔도 좋지만 볶음밥의 기름기를 싸악 내려주는 데에는 얼음 하나 동동 띄워다가 그대로 마시는 걸 추천합니다. 깔끔함이 아주 좋아요.

쫀득한 듯 보들보들한 듯,. 떡과 파이의 중간쯤 된다고나 할까요?
속재료를 푸짐하게 넣어다가 설렁설렁 굽기만 하면 땡.,
견과류에 검은깨가 듬뿍 들어 오도독 오독 씹히는 재미두 있지요..
괜시리 몸에도 좋을 것 같은 기분까지 들어요,.

LA찹쌀파이

간식거리 궁한 날 찹쌀가루만 있으면은
나머지 재료는 있는 것 없는 것 오도독 씹히는 놈들 탈탈 털어 넣으면
그만이지요.,

LA찹쌀파이

재 료

- ◎ 견과류 100g
  (호두, 피칸, 마카다미아 등)
- ◎ 건포도 35g
  (건과일로 대체 가능)
- ◎ 달걀 1/2개
- ◎ 생크림 140g
- ◎ 우유 40g
- ◎ 찹쌀가루 200g
- ◎ 설탕 30g
- ◎ 베이킹파우더 1/2작은술
- ◎ 베이킹소다 1/2작은술
- ◎ 검은깨 2큰술

서/브/메/뉴

생크림과 팥조림,
쌉쌀한 차

① 건포도는 취향껏 물이나 와인, 럼 등에 20분간 불립니다.

② 볼에 찹쌀가루와 베이킹파우더, 베이킹소다를 모두 담고 함께 체 칩니다.

③ 볼에 생크림과 우유, 설탕을 담고 달걀을 깨트려 넣은 뒤 잘 섞습니다.

④ 체 친 가루에 ③을 넣고 날가루가 보이지 않도록 주걱으로 가르듯이 섞습니다.

⑤ 반죽에 불린 건포도와 견과류를 넣고 한 번, 검은깨를 넣고 한 번 더 고루 섞습니다.

⑥ 은박 도시락이나 오븐용 틀에 담고 윗면을 평평하게 만듭니다.

⑦ 180~190도로 예열한 오븐에 넣고 30분간 굽습니다.

tip. 윗면 색이 너무 진해지지 않게 필요에 따라 중간에 쿠킹 호일을 덮습니다.

팁!

단맛이 적고 고소한 맛으로 먹는 레시피니까는 입맛 따라 설탕을 추가해두 좋구요., 두툼한 것보다 넙데데하게 굽는 게 쫀득한 식감도 살구 맛이 좋아요.,

오밤중에 카레를 끓일 수도 없는 노릇이고
삼분 카레를 먹자니 아쉬운데 이를 어쩌나..
그럴 땐 진한 카레 맛의 꾸덕꾸덕 카레 양념 볶음면입니다..
도마도가 들어가면 특별한 것 없는 시판 카레가루를 써도

전문점에서 먹는 카레처럼 복잡한 맛이 나지요.,
뜨끈할 때 면 아래에 치즈 두어 조각 쏘옥 숨겨놓구
절반쯤 먹었다 싶을 때 눅진하게 녹은 치즈를 휘휘 섞어 먹는 맛이 또
기가 막히거든요 ,..

토마토카레면

재 료

- ◉ 라면사리 또는 에그누들 1인분
- ◉ 토마토 1개
- ◉ 달걀 1개
- ◉ 치즈 2조각 (카망베르, 체다 등)
- ◉ 물 150ml
- ◉ 카레가루 3~4큰술
- ◉ 매운 고춧가루 1작은술
- ◉ 통후추 약간

서/브/메/뉴

인스턴트 스프, 김치

팁!

도마도에서 물이 나오니까는 물은 적게 잡아주셔요.. 데치는 과정은
면사리를 풀어주는 정도로만 짧게 퐁당., 달달 볶으면서 마저 익힌다구
생각하시면 됩니다.. 약간 눌어붙은 양념이 또 맛있는 법이라
나무숟가락으로 바닥 벅벅 문대가면서 볶아주면 두 배로 맛나지요.,

① 냄비에 달걀을 넣고 잠길 만큼 물을 부은 뒤 끓기 시작하고부터 5분간 삶아 반숙 달걀을 만듭니다.

② 토마토는 사방 2cm 길이의 주사위 모양으로 굵게 다집니다.

③ 면 사리는 끓는 물에 30초간 가볍게 데쳐 덩어리를 풉니다.

④ 팬이나 냄비에 분량의 물과 다진 토마토, 카레가루, 고춧가루를 넣고 숟가락으로 토마토를 으깨가며 중간 불에서 끓입니다.

⑤ 끓기 시작하면 데친 면을 넣고 물기가 없어질 때까지 달달 볶습니다.

⑥ 접시에 옮겨 담고 통후추를 뿌린 뒤 치즈, 반숙 달걀을 곁들입니다.

곁/들/임/술

가펠 쾰쉬 4.8도 / 500ml / 3천 원대 / 편의점, 대형마트

이름이 좀 생소하지요? 에일 맥주처럼 달큰하구 향기롭게 시작해서는 끝맛은 쌉쌀하구 라거처럼 청량하니까 두 마리 토끼를 잡은 셈입니다. 짭짤하구 느끼한 음식에 이만한 게 없어요. 제가 사는 동네 편의점에는 잘 보이지를 않아서 눈에 띄었다 하면 네 캔씩 얼른 집어 오곤 합니다.

참치김밥 샐러드김밥 돈가스김밥 멸치땡초김밥..
다양한 김밥 중에서도 늘 치즈김밥을 최고로 좋아했어요,.
거기에 또 씹을수록 감칠맛 나는 오징어젓갈에다
매콤하게 청양고추 송송 다져 넣으면은

오징어젓치즈김밥

치즈는 녹진녹진,. 오징어젓갈은 쫄깃쫄깃 끝내주거든요..
재료 준비하는 게 귀찮아두 돌돌 말아 싸는 건 또 금방이라
다섯 줄이나 열 줄이나 별반 차이가 없어요.,
남은 김밥은 썰어두었다가 다음 날 겨란물에 지져 드셔요,.

오징어젓치즈김밥

재료

- ◉ 김밥 세트 10줄용 1팩
  (김밥 김, 맛살, 김밥 햄,
  단무지 등)
- ◉ 밥 10주걱
  (쌀 4~5컵 분량)
- ◉ 달걀 6개
- ◉ 오이 2개
- ◉ 당근 1개

- ◉ 깻잎 20장
- ◉ 청양고추 10개
  (풋고추로 대체 가능)
- ◉ 슬라이스치즈
  10~20장
- ◉ 참기름 2큰술
- ◉ 카놀라유 약간
- ◉ 소금 적당량

[오징어젓갈 양념]
- ◉ 오징어젓갈 10큰술
- ◉ 다진 마늘 2큰술
- ◉ 청양고추 3개
- ◉ 참기름 1큰술

① 고슬고슬하게 지은 밥은 뜨거울 때 참기름과 소금을 넣고 주걱으로 가르듯이 섞습니다.

② 볼에 달걀을 모두 깨트려 넣은 뒤 소금 1작은술을 넣고 잘 풀어 도톰하게 지단을 부치고 길게 썹니다.

③ 팬에 카놀라유를 살짝 두르고 김밥 햄과 맛살을 가볍게 볶습니다.

④ 당근은 가늘게 채 썰고 카놀라유를 두른 팬에 소금 3꼬집으로 간하여 1분간 가볍게 볶습니다.

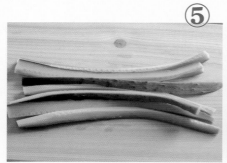

⑤ 오이는 씨 부분을 잘라내고 새끼손가락 굵기로 길게 6등분한 뒤 소금을 약간 뿌려둡니다.

⑥ 오징어젓은 가위로 서너 번 자르고 분량의 청양고추를 잘게 다져 넣은 뒤 다진 마늘과 참기름을 넣고 잘 섞습니다.

⑦

깻잎은 가늘게 채 썰고, 청양고추는 길게 반 자릅니다.

⑧

김발에 김을 깔고 밥을 한 주걱 얹어 얇게 폅니다.

⑨

지단과 김밥 햄, 맛살, 단무지, 당근, 오이 등 김밥 재료를 차곡차곡 올린 뒤 길게 자른 청양고추와 무친 오징어젓을 얹습니다.

⑩

슬라이스치즈로 덮습니다.

팁!

뜨끈뜨끈한 밥으로 만들어야 치즈가 사악 녹아들어서 녹진한 맛이 끝내주지요.. 김밥이 안 그래 보여두 은근히 밥이 많이 들어가니까는 밥을 적게 넣고 싶다면은 밥알이 딱 한 겹으로만 깔렸다,. 싶을 만치 얇게 펴야 해요..

김발을 돌돌 말아 꼭꼭 눌러 모양을 잡습니다.

김발을 펼쳐 완성된 김밥을 꺼내고 겉에 참기름을 바릅니다.

tip. 숟가락 뒷면이나 비닐장갑 낀 손으로 바르면 편해요.

서/브/메/뉴

찐만두, 분식집 장국
(청수 우동다시+파)

곁/들/임/술

참이슬 후레쉬 16.5도 / 360ml / 1,400원 대 / 전국 어디든
멋지고 맛 좋은 술이 하고많다지만 김밥,
비빔밥에는 결국 소주로 돌아오게 됩니다.
야금야금 도수가 내려간다 싶더라니 언제 이렇게
떨어졌담? 가뿐하게 마실 수 있으니 좋다만 한 병
마실 게 두 병이 되면 어쩌나.,

몸 아플 때 배까지 고프면 그것만큼 서러운 게 또 없어요.,
닭고기를 두둑하게 넣어 만드니까는 속이 안 좋을 때보다
감기몸살 앓고 나서 기력 회복할 때 좋은 닭죽입니다..

흙대파를 손질하구 남은 파 뿌리는 단맛과 알싸한 향이 있어서
이렇게 닭 국물을 낼 적에 아주 잘 어울려요,.
한 그릇 뚝딱하고 나면은 콧물도 기침도 뚝 떨어지지요..

닭죽

재료

- ⊙ 닭다리살 400g
- ⊙ 쌀 1+1/2컵 (270g)
- ⊙ 대파 흰 부분 5cm
- ⊙ 대파 뿌리 2~3개

- ⊙ 마늘 5알
- ⊙ 생강 엄지손톱만큼1톨
- ⊙ 참기름 약간
- ⊙ 물 8컵 (1.5L)

- ⊙ 소금누룩 2큰술
- ⊙ 소금 약간

 팁!

닭다리살 기름기가 부담스러우면 닭가슴살을 먹기 좋게 죽죽 찢어 넣어도 좋지요.. 얇은 냄비는 금세 밑바닥이 눌어붙으니까 두껍고 뚜껑 있는 냄비로 끓여주세요., 소금누룩은 짠맛과 달착한 맛을 더해주는 신통방통한 재료입니다.. 닭다리살은 미리 소금누룩에 재워두어야 간이 쏙 배어들고 살도 훨씬 부드러워지거든요..

① 볼에 닭다리살과 소금누룩을 넣고 손으로 가볍게 주물러 하룻밤 재웁니다.

② 쌀은 흐르는 물에 씻고 체에 밭쳐 30분간 불립니다.

③ 큰 냄비에 불린 쌀과 물을 붓고 재운 닭다리살과 마늘, 대파 뿌리, 생강을 함께 넣습니다.

tip. 물은 쌀 양의 5배 정도 되면 알맞아요.

④ 뚜껑을 덮고 센 불에 올려 팔팔 끓기 시작할 때부터 5분간 끓입니다.

⑤ 중간 불로 줄인 뒤 눌어붙지 않도록 나무 주걱으로 바닥까지 저어가며 15~20분간 더 끓입니다.

⑥ 약한 불로 줄인 뒤 쌀알이 부드럽게 풀어지고 물기가 자작한 죽이 되도록 10분 더 끓입니다.

tip. 물이 부족하면 반 컵씩 추가합니다.

⑦

⑧

대파 뿌리와 생강은 건져내어 버리고
닭다리살은 건져내 한입 크기로 썹니다.

대파 흰 부분을 가늘게 채 썰어 닭다리살과
함께 죽 위에 얹어냅니다. 입맛 따라 소금과
참기름으로 간을 맞춥니다.

서/브/메/뉴

조개젓, 입가심용 과일젤리

곁/들/임/술

내국양조 능이주 13도 / 375ml / 13,500원 대 / 온라인(술마켓 등)
능이주 하면은 한발 주춤 물러서게 되지요. 쿰쿰하구 버섯 냄새
진한 약주일 것만 같고 그래요. 내국양조 능이주는 이런 편견을
싸악 깨준 술입니다. 깔끔하고 달지 않은 청주 향에 새큼한 산미가
더해졌는데, 이게 꼭 와인 같기도 하고 아주 재미있어요. 한 잔
두 잔 마시다 보면 은은하게 올라오는 버섯 향도 자연스럽게
받아들이게 됩니다.

INDEX

술

밥 챙겨 먹어요, 오늘도 행복하세요

초판 1쇄 인쇄 2024년 8월 7일
초판 1쇄 발행 2024년 8월 14일

지은이 마포농수산쎈타
펴낸이 최순영

출판1 본부장 한수미
컬처 팀장 박혜미
편집 김수연
디자인 금종각

펴낸곳 ㈜위즈덤하우스 **출판등록** 2000년 5월 23일 제13-1071호
주소 서울특별시 마포구 양화로 19 합정오피스빌딩 17층
전화 02) 2179-5600 **홈페이지** www.wisdomhouse.co.kr

ⓒ 마포농수산쎈타, 2024

ISBN 979-11-7171-253-3 13590